# 机床夹具设计

主 编 郭在云 王 锐 钱 红

北京理工大学出版社

BEIJING INSTITUTE OF TECHNOLOGY PRESS

**图书在版编目（CIP）数据**

机床夹具设计／郭在云，王锐，钱红主编． -- 北京：
北京理工大学出版社，2023.7
　ISBN 978 - 7 - 5763 - 2684 - 0

Ⅰ．①机… Ⅱ．①郭… ②王… ③钱… Ⅲ．①机床夹
具 - 设计 Ⅳ．①TG750.2

中国国家版本馆 CIP 数据核字（2023）第 144416 号

出版发行／北京理工大学出版社有限责任公司
社　　　址／北京市海淀区中关村南大街 5 号
邮　　　编／100081
电　　　话／（010）68914775（总编室）
　　　　　　（010）82562903（教材售后服务热线）
　　　　　　（010）68944723（其他图书服务热线）
网　　　址／http：//www.bitpress.com.cn
经　　　销／全国各地新华书店
印　　　刷／涿州市新华印刷有限公司
开　　　本／787 毫米 × 1092 毫米　1/16
印　　　张／11
字　　　数／256 千字
版　　　次／2023 年 7 月第 1 版　2023 年 7 月第 1 次印刷
定　　　价／66.00 元

责任编辑／多海鹏
文案编辑／多海鹏
责任校对／周瑞红
责任印制／李志强

# 前　言

　　"夹具设计"课程是高职高专机械制造类专业的一门主干专业课程。为建设好该课程，编者认真研究专业教学标准和能力评价标准，开展广泛调研，联合企业制定了毕业生所从事《岗位（群）职业能力及素养要求分析报告》，并依据《岗位（群）职业能力及素养要求分析报告》开发了《专业人才培养质量标准》；按照《专业人才培养质量标准》中的素质、知识和能力要求要点，注重"以学生为中心，以立德树人为根本，强调知识、能力目标并重"，组建了校企合作的结构化课程开发团队；以生产企业实际案例为载体，以任务驱动、工作过程为导向，进行课程内容模块化处理；注重课程之间的相互融通及理论与实践的有机衔接，形成了多元多维、全时全程的评价体系，编写成了该活页式教材。

　　本书以工作页式的工单为载体，强化学生自主学习和小组合作探究式学习，在课程革命、学生地位革命、教师角色革命和评价革命等方面全面改革，重点突出技术应用，强化学生创新能力的培养。

　　本书由云南能源职业技术学院郭在云担任主编和主审。本书由学校教师和企业人员联合编写，具体编写分工如下：云南能源职业技术学院郭在云副教授，以及云南东源后所煤矿有限公司—装备制造技术服务公司田振华副经理、机电工程师联合编写模块一　机床夹具概述；云南能源职业技术学院郭在云副教授和李欣宇老师联合编写模块二　工件的定位；云南能源职业技术学院史亚巍讲师编写模块三　工件的夹紧设计；云南能源职业技术学院王锐硕士、副教授编写模块四　专用夹具的设计方法；云南能源职业技术学院高关胜讲师编写模块五　车床夹具设计；云南能源职业技术学院讲师高美胜、副教授夏琼编写模块六　铣床夹具设计；云南能源职业技术学院钱红硕士、副教授，以及昆明新道为机械制造有限公司荀兵高级工程师联合编写模块七　钻床夹具设计；云南能源职业技术学院杨春红硕士、讲师编写模块八　镗床夹具和模块九　数控机床夹具。

　　因该书涉及内容广泛，编者水平有限，难免出现错误和处理不妥之处，请读者批评指正。

编　者

# 目　　录

# 模块一　机床夹具概述

## 任务一　机床夹具设计课程介绍

### 1.1.1　任务描述

谈谈你对该课程的认识。学好该课程，分析其对以后工作的支撑作用。

### 1.1.2　学习目标

1. 知识目标

根据给定的零件工序加工要求、工厂生产条件和企业需求，并借助《机床夹具设计手册》等技术资料，进行零件定位方案与夹紧方案的设计，计算定位误差和夹紧力，根据机械加工设备类型设计夹具体和其他对刀导向装置及连接元件，分析归纳影响机械零件加工质量的相关因素，进行设计方案对比和评价，最终绘制出机床夹具总图。

2. 能力目标

（1）根据被加工零件的结构特点和加工工序要求，能应用六点定位原理及夹紧原则，合理提出被加工工件某道工序的定位和夹紧方案。

（2）能根据机械加工设备情况设计机床夹具的对刀导向装置、分度装置、连接元件及夹具体。

（3）会查阅有关夹具设计的标准、手册和图册等技术资料。

（4）具有常用机床夹具的使用能力。

（5）了解现代夹具设计的一般知识。

（6）具备分析、解决与夹具有关的技术问题的能力。

（7）能够对机械零件加工的工艺方案提出合理化建议。

3. 素质目标

（1）培养学生团队协作、共同解决问题的能力。

（2）具备分析、解决技术问题的能力。

（3）培养学生爱岗敬业的精神。

### 1.1.3 重点难点

1. 重点
课程性质认知。
2. 难点
本课程在人才培养中的定位。

### 1.1.4 相关知识

"机床夹具设计"课程服务于机械加工职业工作中"机床夹具设计"这一典型工作任务。课程以典型机床夹具设计案例为引领组织内容，主要包括：根据给定的零件工序加工要求、工厂生产条件和企业需求，并借助机床夹具设计手册等技术资料，进行零件定位方案与夹紧方案的设计；计算定位误差和夹紧力；根据机械加工设备类型设计夹具体和其他对刀导向装置及连接元件，分析归纳影响机械零件加工质量的相关因素，进行设计方案对比和评价，最终绘制出机床夹具总图。

掌握机床的操作、刀具的选择与使用、机械制造工艺的编制、机床专用夹具的设计、量具的使用是从事机械加工生产所必须具备的技能，机床专用夹具是非规则零件成批加工生产时需要设计制造的工艺装备，工装的设计制造最终会影响机械零件的加工精度、生产效率及生产成本，为此，机械加工工作人员要具有一定的设计专用夹具的能力和分析生产中与夹具有关的技术问题的能力。通过本课程的学习，学生可以从事机械加工操作中机床专用夹具设计制造工作及与机床夹具相关的工作，经过 1~2 年的努力可以胜任机床夹具设计现场技术员的工作。

"机床夹具设计"的前修课程为"机械制图及 CAD""机械制造基础""机械设计""公差配合与技术测量""金属切削原理及刀具""机械加工设备""机械制造工艺学"，学生在掌握识图、绘图基本功及通过金工实习掌握了机械加工的基本知识后，就有了学习本课程的良好基础。该课程主要研究各种机械制造的方法和过程、产品质量的提高与控制方法及提高劳动生产率及经济效益的措施。通过该课程的学习，培养学生制定工艺文件、制定合理工艺规程的能力，掌握机床、工艺装备的选择及各主要技术参数的确定方法，使学生初步具有利用各种基础理论知识，综合分析和解决工艺问题的能力、正确使用和设计机床夹具的能力以及自学工艺理论和新工艺、新技术的能力。本课程与后续课程"数控加工工艺与编程""先进制造技术"等共同构成了专业核心课程体系，为实现培养机械制造及自动化专业的高素质、高技能人才这一目标打下坚实的基础。

学习内容（工作过程要素）：

| 工作对象/题材 | 机械加工零件/零件的机械加工工艺过程卡片和工序卡片 |
| --- | --- |
| 工具 | 《机床夹具设计手册》，其他手册 |

| 工作方法 | • 小组讨论分析。<br>• 制定夹具设计方案。<br>• 绘制夹具设计简图 |
|---|---|
| 劳动组织 | 车间主任或生产技术处下达设计任务：<br>• 根据任务要求，确定零件加工工序定位方案和夹紧方案。<br>• 根据机械加工设备，确定夹具安装方案、对刀导向方案。<br>• 绘制夹具设计图。<br>• 将设计图交技术处审核 |
| 工作要求 | • 具有与团队成员沟通协调的能力。<br>• 根据被加工零件的结构特点和加工工序要求，能应用六点定位原理及夹紧原则，合理制定出被加工工件某道工序的定位、夹紧方案。<br>• 能根据机械加工设备情况设计机床夹具的对刀导向装置、分度装置、连接元件及夹具体。<br>• 能正确绘制设计图纸。<br>• 会查阅有关设计的标准、手册、图册等技术资料。<br>• 能正确使用机床夹具进行零件加工。<br>• 具备分析、解决与夹具有关的技术问题的能力。<br>• 能对机械零件加工的工艺方案提出合理化建议 |

### 1.1.5　任务实施

#### 1. 学生分组

| 班级 | | 组号 | | 授课教师 | |
|---|---|---|---|---|---|
| 组长 | | | 学号 | | |
| 组员 | | | | | |
| 姓名 | 学号 | 姓名 | 学号 | 姓名 | 学号 |
| | | | | | |
| | | | | | |
| | | | | | |
| | | | | | |
| | | | | | |
| | | | | | |

### 2. 任务工作单

| 组号 | | 姓名 | | 学号 | |
|---|---|---|---|---|---|
| （1）谈谈你对该课程的认识。 | | | | | |
| | | | | | |
| （2）学好该课程，分析其对以后工作的支撑作用。 | | | | | |
| | | | | | |

### 3. 合作研究

| 组号 | | 姓名 | | 学号 | |
|---|---|---|---|---|---|
| （1）小组讨论，教师参与，确定任务工作单的最优答案。 | | | | | |
| | | | | | |
| （2）每组推荐一个小组长进行汇报，根据汇报情况，检讨不足。 | | | | | |
| | | | | | |

### 4. 评价反馈

| 班级 | | | 组名 | | 姓名 | |
|---|---|---|---|---|---|---|
| 学号 | | | | 出勤情况 | | |
| 评价内容 | 评价要点 | | 考查要点 | | 分数 | 分数评定 |
| 查阅文献情况 | 任务实施过程中的文献查阅 | | （1）是否查阅信息资料 | | 20分 | |
| | | | （2）正确运用信息资料 | | | |
| 互动交流情况 | 组内交流，教学互动 | | （1）积极参与交流 | | 30分 | |
| | | | （2）主动接受教师指导 | | | |

续表

| 评价内容 | 评价要点 | 考查要点 | 分数 | 分数评定 |
|---|---|---|---|---|
| 任务完成情况 | 规定时间内的完成度 | 在规定时间内完成任务 | 20 分 | |
| | 任务完成的正确度 | 任务完成的正确性 | 30 分 | |
| 合计 | | | 100 分 | |

# 任务二　机床夹具作用、组成、分类、发展方向

## 1.2.1　任务描述

图 1-1 所示为圆轴铣槽铣床夹具，分析该夹具各组成部分，指出用序号标注的零件所起的作用。

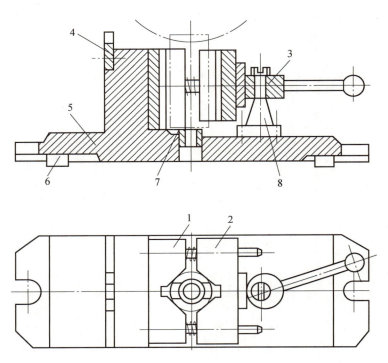

图 1-1　圆轴铣槽铣床夹具

1，2—V 形块；3—偏心轮；4—对刀块；5—夹具体；6—定位键；7—支承套；8—支架

## 1.2.2　学习目标

1. 知识目标

（1）掌握机床夹具的作用。

（2）掌握机床夹具的基本组成部分。

（3）认识机床夹具的分类。

（4）了解机床夹具的发展方向。

2. 能力目标

（1）能辨别生产一线常用夹具的类型。

（2）初步具备辨别常用机床夹具适用范围的能力。

（3）掌握生产一线工件在机床夹具中的装夹方法。

（4）能对典型的机床夹具予以分析。

3．素质目标

（1）培养学生团队协作、共同解决问题的能力。

（2）培养学生爱岗敬业的精神。

### 1.2.3 重点难点

1．重点

（1）专用夹具装夹工件的特点。

（2）工件装夹的方法。

（3）指出专用夹具装夹组成及各部分的作用。

2．难点

（1）掌握机床夹具的作用。

（2）掌握机床夹具的基本组成部分。

### 1.2.4 相关知识

1．机床夹具的作用

机械制造过程中，为了保证产品质量、提高生产率、降低生产成本、实现生产过程自动化，除了需使用制造设备（金属切削机床等）以外，还需要使用各种工艺装备，包括夹具、刀具、测量工具及辅助工具。

夹具是机械制造厂中使用的一种工艺装备，有机床夹具、焊接夹具、装配夹具及检验夹具等。

各种金属切削机床上使用的用于装夹工件的工艺装备，统称为机床夹具，比如车床上使用的三爪自定心卡盘、铣床上使用的平口虎钳等。机床夹具的主要功能就是完成工件的装夹工作，工件装夹的好坏将直接影响工件的加工精度。

无论是传统制造还是现代制造系统，机床夹具都是十分重要的，它对加工质量、生产率和产品成本都有直接影响，因此，企业花费在夹具设计和制造上的时间（无论是改进现有产品还是开发新产品），在生产周期中占有较大的比重。

对工件进行机械加工时，为了保证加工质量，首先要使工件相对于刀具及机床有正确的位置，并使这个位置在加工过程中不因外力的影响而变动。为此，在进行机械加工前，先要把工件装夹好。

1）工件装夹的实质

工件装夹指的是工件的定位和夹紧。

（1）把工件装好，称为定位。把工件装好，就是要在机床上确定工件和对刀具的正确加工位置。工件在夹具中定位的任务是使同一工序中的一批工件都能在夹具中占据正确的位置。

工件位置的正确与否，用加工要求来衡量。能满足加工要求的为正确，不能满足加工要求的为不正确。

一批工件逐个在夹具上定位时，各个工件在夹具中占据的位置不可能完全一致，也没必要使它们完全一致，但各个工件的位置变动量必须控制在加工要求所允许的范围之内。

（2）将工件定位后的位置固定下来，称为夹紧。工件夹紧的任务是使工件在切削力、离心力、惯性力和重力的作用下不离开已经占据的正确位置，以免发生不应有的位移而破坏定位，以保证机械加工的正常进行。

2）工件装夹的方法

为了保证机床、刀具、工件的正确位置，工件能按划线找正装夹，也可用夹具直接装夹。所以，在机械加工工艺过程中，常见的工件装夹方法，按其实现工件定位的方式来分，可分为以下两种。

（1）按找正方法定位的装夹方法。

找正装夹方法是以工件的有关表面或专门划出的线痕作为找正依据，用划针或百分表进行找正，以确定工件的正确定位位置，然后再将工件夹紧，进行加工。找正装夹又可分为直接找正装夹和划线找正装夹。

①直接找正装夹。

直接找正定位是利用百分表、划针测量或目测等方法，在机床上直接找正工件加工面的设计基准，使其获得正确位置的定位方法。例如图1-2所示的磨削导套，可将工件装在四爪卡盘上，缓慢回转磨床主轴，用百分表直接找正外圆表面，从而保证在磨削内孔时与外圆的同轴度要求。

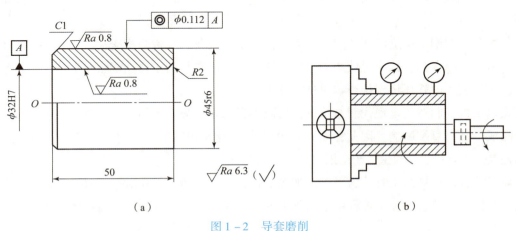

图1-2 导套磨削

（a）导套零件；（b）工件找正

②划线找正装夹。

划线找正装夹定位是用划针根据毛坯或半成品上所划的线（由上道工序的划线钳工完

成）为基准找正它在机床上正确位置的一种装夹方法。如图 1 - 3 所示，铣削连杆零件上下两平面时，若零件批量不大，则可在机用平口虎钳中按侧边划出的加工线痕，用划针进行找正。又如图 1 - 4 所示，若钢套零件的数量不多，则也可按划线找正的方法定位，在钻床上用机用平口虎钳进行装夹。

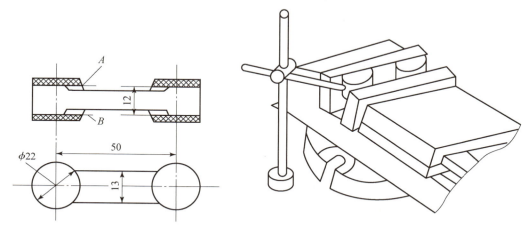

图 1 - 3　在机用平口虎钳上找正和装夹连杆零件

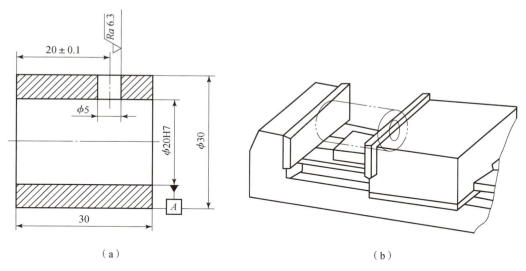

（a）　　　　　　　　　　　　　　　　　　　（b）

图 1 - 4　在机用平口虎钳上找正和装夹钢套零件

（a）钢套零件；（b）找正装夹

　　找正装夹法常用于单件小批量生产中装夹工件，无须专用设备，但生产效率低、劳动强度大、工人技术水平要求高，还要增加划线工序。

　　（2）用专用夹具装夹工件的方法。

　　当零件批量大时，采用划线法找正的方法效率低、强度大，故必须使用专用夹具装夹工件。图 1 - 5 所示为钢套钻孔所用的钻床夹具。

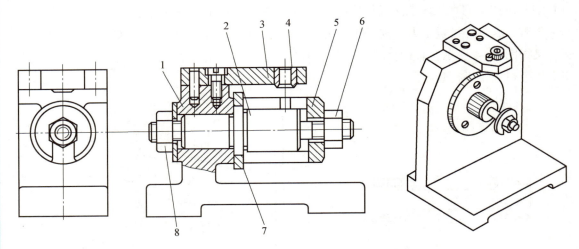

图1－5　钢套钻孔所用的钻床夹具

1—夹具体；2—定位心轴；3—钻模板；4—固定钻套；5—开口垫圈；

6—螺母；7—支承板；8—锁紧螺母

工件是以内孔及端面作为定位基准，与夹具上的定位元件（定位心轴2及其端面支承板7）保持接触，从而确定工件在夹具中的正确位置。拧紧螺母6，通过开口垫圈5将工件端面牢固地压在定位元件上。由于钻模板3上钻套4的中心到定位元件端面的距离是根据工件上 $\phi5$ mm 的孔中心到工件端面的尺寸 20 mm±0.1 mm（见图1－4）来确定的，因此，保证了固定钻套4导引的钻头在工件上有一个正确的加工位置，并且在加工中又能防止钻头的轴线引偏。

由此可知，机床夹具装夹方法是靠夹具将工件定位、夹紧，以保证工件相对刀具、机床的正确位置。当批量较大时，大多采用机床夹具装夹工件。

3）机床夹具在机械加工中的作用

机床夹具在机械加工中起着十分重要的作用，归纳起来有以下几点。

（1）能稳定地保证工件的加工精度。

用夹具装夹工件时，工件相对于刀具及机床的位置精度由夹具保证，不受工人技术水平的影响，使一批工件的加工精度趋于一致。

（2）能提高劳动生产率。

使用夹具装夹工件方便、快速，工件不需要划线找正，可显著地减少辅助工时，提高劳动生产率；工件在夹具中装夹后提高了工件的刚性，因此可加大切削用量，提高劳动生产率；可使用多件、多工位装夹工件的夹具，并可采用高效夹紧机构，进一步提高劳动生产率。

（3）能扩大机床的使用范围。

如果没有卧式铣镗床和专用设备，则可设计一夹具在车床上加工，即通过专用夹具的设计使用，将车床当镗床使用，其加工情况如图1－6所示。

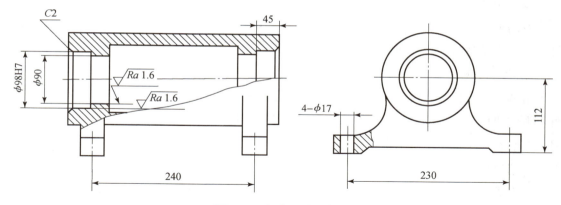

图 1-6 机床镗孔工序图

夹具安装在车床的床鞍上，如图 1-7 所示，通过夹具使工件的内孔与车床主轴同轴，镗杆右端由尾座支承，左端由三爪自定心卡盘夹紧并带动旋转。

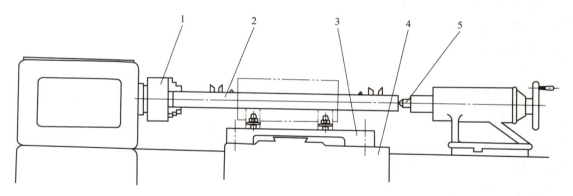

图 1-7 在车床上镗机体阶梯孔示意图

1—三爪自定心卡盘；2—镗杆；3—夹具；4—床鞍；5—尾座

**2. 机床夹具的分类**

1）机床夹具的分类

随着机械制造业的不断发展，机床夹具的种类越来越多，形状千差万别，可以从不同的角度对机床夹具进行分类。常用的分类方法有以下几种。

（1）按机床的使用特点分类。

①通用夹具。

通用夹具是指结构、尺寸已经标准化，且具有一定通用性，可加工一定范围内不同工件的夹具，如三爪自定心卡盘、四爪单动卡盘、机用平口虎钳、万能分度头、磁力工作台等。这些夹具已作为机床附件由专门工厂制造供应，只需选购即可。其特点是适用性好，无须调整或稍加调整即可装夹一定形状范围的各种工件，主要用于单件小批量生产。

②专用夹具。

专用夹具是针对某一工件某道工序的加工要求而专门设计制造的夹具。其特点是针对性强，可获得较高的生产率和加工精度，但制造周期长，主要用于批量生产。

③可调夹具。

可调夹具是针对通用夹具和专用夹具的缺陷而发展起来的一类新型夹具，夹具的某些元件可调整或更换，以适应多种工件的加工。它还分为通用可调夹具和成组夹具两类。可调夹具在多品种、小批量生产中得到广泛应用。

④组合夹具。

组合夹具是一种模块化的夹具，已实现商品化，是采用标准的组合夹具元件、部件，专为某一工件的某道工序组装的夹具。组合夹具通常用于单件、中小批多品种的生产和数控加工中，是一种较经济的夹具。

⑤拼装夹具。

拼装夹具是一种用专门的标准化、系列化的拼装夹具零部件拼装而成的夹具。它具有组合夹具的优点，但比组合夹具精度高、效能高、结构紧凑。它的基础板和夹紧部件中常带有小型液压缸。此类夹具更适合在数控机床上使用。

（2）按夹具使用的机床分类。

夹具按使用机床的不同可分为车床夹具、铣床夹具、钻床夹具、镗床夹具、齿轮机床夹具、数控机床夹具、自动机床夹具、自动线随行夹具以及其他机床夹具。这是设计专用夹具所用的分类方法。在工厂中通常也是按所使用的机床类别结合夹具的结构形式对夹具进行分类编号的。

（3）按夹具所用夹紧的动力源分类。

夹具按夹紧的动力源不同可分为手动夹具、气动夹具、液压夹具、气液增力夹具、电磁夹具以及真空夹具等。

2）机床夹具实例分析

（1）实例。

图1-8所示为主轴螺母工序图。在车床上车削 M90×2 mm 的螺纹，并保证螺纹的轴心线与外圆轴心线的同轴度和端面对螺纹轴心线的垂直度要求。

（2）分析。

①加工主轴螺母 M90×2 mm 的螺纹，可以直接用三爪卡盘（见图1-9）夹住螺母找正加工，也可以用夹具（见图1-10）在车床上进行车削加工。但采用三爪卡盘直接装夹，由于壁厚太薄，夹紧力会使工件产生变形，达不到加工精度要求。如图1-9所示，将工件径向夹紧改变为轴向夹紧，可避免工件变形。

②如图1-3所示铣削连杆零件上下两平面时，若零件批量不大，则可在机用平口虎钳上按侧边划出的加工线痕用划针进行找正；当大批量生产时，可采用如图1-11所示的专用

铣床夹具，先将毛坯放在工位Ⅰ上铣出第一端面（图1-4中A面），然后将此工件翻过来放入工位Ⅱ上铣出第二端面（图1-4中B面）。此夹具可同时装夹两个工件。

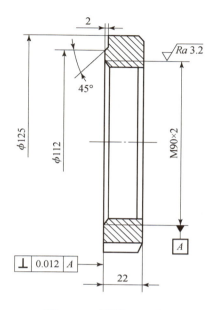

图1-8　主轴螺母工序图

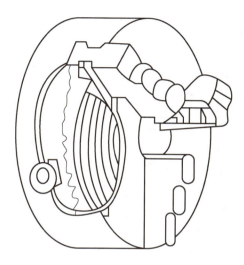

图1-9　三爪卡盘

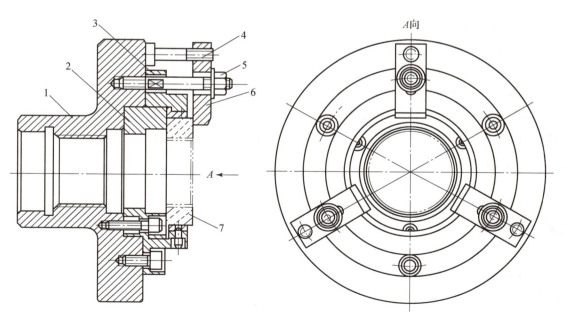

图1-10　车削螺母夹具

1—夹具体；2—安装圈；3—压紧圈；4—螺杆；5—螺母；6—压板；7—工件

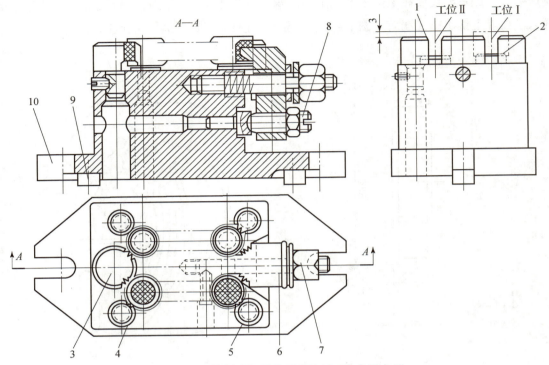

图1-11　铣削连杆零件两面的双工位专用夹具

1—对刀块；2—固定支承；3，4，5—挡销；6—压板；7—螺母；8—压板支承钉；9—定位键；10—底座

### 3. 机床夹具的组成

机床夹具的组成可分为下面几个部分。

1）定位元件

定位元件的作用是使工件在夹具中占据正确的位置。

如图1-4所示钢套钻$\phi$5 mm的孔，其钻床夹具如图1-5所示。夹具上定位心轴2及其端面支承板7都是定位元件，通过它们可使工件在夹具中占据正确的位置。

2）夹紧装置

夹紧装置的作用是将工件压紧夹牢，保证工件在加工过程中受到外力（切削力等）作用时不离开已经占据的正确位置。图1-5中的螺杆2（与定位心轴合成一个零件）、螺母6和开口垫圈5就组成了夹紧装置。

3）对刀或导向装置

对刀或导向装置用于确定刀具相对于定位元件的正确位置。如图1-5中固定钻套4和钻模板3组成导向装置，确定了钻头轴线相对于定位元件的正确位置。

4）连接元件

连接元件是确定夹具在机床上正确位置的元件。如图1-5中夹具体1的底面为安装基面，保证了钻套4的轴线垂直于钻床工作台以及定位心轴2的轴线平行于钻床工作台。因此，夹具体可兼作连接元件。车床夹具所使用的过渡盘、铣床夹具所使用的定位键都是连接元件。

5）夹具体

夹具体是机床夹具的基础件，通过它将夹具的所有元件连接成一个整体，如图 1 - 5 中的件 1 即夹具体。

6）其他元件或装置

其他元件或装置是指夹具中因特殊需要而设置的元件或装置。根据加工需要，有些夹具上设置分度装置、靠模装置；为能方便、准确定位，常设置预定位装置；对于大型夹具，常设置吊装元件等。

上述各组成部分中，定位元件、夹紧装置和夹具体是机床夹具的基本组成部分。

4. 机床夹具的发展方向

随着市场需求的变化以及机电产品的竞争日益激烈，产品更新换代的周期短，多品种、中小批量生产的比例在提高，为了适应现代工业向高、精、尖方向发展的需求，现代机床也与时俱进，其发展方向主要表现为"四化"，即标准化、精密化、高效化和柔性化。

1）标准化

机床夹具的标准化与通用化是相互联系的两个方面。我国已有夹具零件及部件的国家标准 GB/T 2148 ~ GB/T 2259—1991 以及各类通用夹具、组合夹具标准等。机床夹具的标准化，有利于夹具的商品化生产及缩短生产准备周期、降低生产总成本。

2）精密化

随着机械产品精度的日益提高，势必相应提高对夹具的精度要求。精密化夹具的结构类型很多，例如用于精密分度的多齿盘，其分度精度可达 ±0.1 mm；用于精密车削的高精度三爪自定心卡盘，其定心精度为 5 μm。

3）高效化

高效化夹具主要用来减少工件加工的基本时间和辅助时间，以提高劳动生产率，减轻工人的劳动强度。常见的高效化夹具有自动化夹具、高速化夹具和具有夹紧力装置的夹具等。例如，在铣床上使用电动虎钳装夹工件，效率可提高 5 倍左右；在车床上使用高速三爪自定心卡盘，可保证卡爪在试验转速为 9 000 r/min 的条件下仍能牢固地夹紧工件，从而使切削速度大幅提高，除了在生产流水线、自动线配置相应的高效、自动化夹具外，在数控机床上，尤其是在加工中心上出现了各种自动装夹工件的夹具以及自动更换夹具的装置，充分发挥了数控机床的效率。

4）柔性化

机床夹具的柔性化与机床的柔性化相似，它是指机床夹具通过调整、组合等方式，以适应工艺可变因素的能力。工艺的可变因素主要有工序特征、生产批量、工件的形状和尺寸等。具有柔性化特征的新型夹具主要有组合夹具、通用可调夹具、成组夹具、模块化夹具、数控夹具等。为适应现代机械工业多品种、中小批量生产的需要，扩大夹具的柔性化程度，改变专用夹具的不可拆结构为可拆结构，发展可调夹具结构将是当前夹具发展的主要方向。

## 1.2.5 任务实施

### 1. 学生分组

| 班级 | | 组号 | | 授课教师 | |
|---|---|---|---|---|---|
| 组长 | | | 学号 | | |
| 组员 | | | | | |
| 姓名 | 学号 | 姓名 | 学号 | 姓名 | 学号 |
| | | | | | |
| | | | | | |
| | | | | | |
| | | | | | |
| | | | | | |

### 2. 任务工作单

| 组号 | | 姓名 | | 学号 | |
|---|---|---|---|---|---|
| （1）图 1－1 所示为圆轴铣槽铣床夹具，分析该夹具的各组成部分。 | | | | | |
| | | | | | |
| （2）图 1－1 所示为圆轴铣槽铣床夹具，指出用序号标注的零件所起的作用。 | | | | | |
| | | | | | |

### 3. 合作研究

| 组号 | | 姓名 | | 学号 | |
|---|---|---|---|---|---|
| （1）小组讨论，教师参与，确定任务工作单的最优答案。 | | | | | |
| | | | | | |
| （2）每组推荐一个小组长进行汇报，根据汇报情况，检讨不足。 | | | | | |
| | | | | | |

4. 评价反馈

| 班级 | | 组名 | | 姓名 | |
|---|---|---|---|---|---|
| 学号 | | | 出勤情况 | | |
| 评价内容 | 评价要点 | 考查要点 | | 分数 | 分数评定 |
| 查阅文献情况 | 任务实施过程中文献查阅 | （1）是否查阅信息资料 | | 20分 | |
| | | （2）正确运用信息资料 | | | |
| 互动交流情况 | 组内交流，教学互动 | （1）积极参与交流 | | 30分 | |
| | | （2）主动接受教师指导 | | | |
| 任务完成情况 | 规定时间内的完成度 | 在规定时间内完成任务 | | 20分 | |
| | 任务完成的正确度 | 任务完成的正确性 | | 30分 | |
| 合计 | | | | 100分 | |

# 模块二　工件的定位

## 任务一　定位及基准的基本概念

### 2.1.1　任务描述

掌握定位的基本概念，认识基准的概念及定位基准的选择原则。

### 2.1.2　学习目标

1. 知识目标
（1）掌握定位及基准的基本概念。
（2）了解什么是工件的定位。
2. 能力目标
能够掌握定位及基准的基本概念。
3. 素质目标
（1）培养学生团队协作、共同解决问题的能力。
（2）培养学生爱岗敬业的精神。

### 2.1.3　重点难点

1. 重点
认识基准的概念及定位基准的选择原则。
2. 难点
正确找出工件的工序基准和定位基准。

### 2.1.4　相关知识

1. 工件定位的概念
工件在夹具中的装夹包括定位和夹紧两个过程。
工件的定位是指使同一工序中的一批工件都可以在夹具中占据正确的位置。
工件在夹具中的位置是由定位元件所确定的。在夹紧之前（或与夹紧同时），使工件的定位基准面与定位元件的定位表面相接触，工件就在夹具中获得了确定位置。该过程即为工件在夹具中的定位，简称为工件的定位，如图 2 – 1 所示。

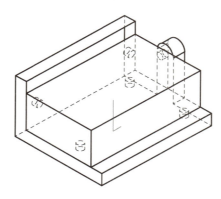

图 2 – 1　工件的定位

**2. 工件定位的基本任务**

（1）根据工艺规程的要求，使工件在夹具中占据正确的位置。

（2）保证工件有足够的定位精度，即同一批工件中各件在夹具中的实际位置要保证足够的一致性。

由于工件和夹具都存在制造误差，会使一批工件在夹具中的实际位置有差异，故在夹具设计中应该保证由此位置差异所引起的加工误差不得超过本工序加工要求的最大允差范围。

工件的定位是夹具设计中的一个核心部分，只有在确定定位方案之后，才能进行夹紧装置、对刀（导向）装置、连接元件、夹具体等其他组成部分的设计工作。

**3. 基准的概念**

就一般意义来说，基准就是工件上用来确定其他表面（或点、线）的位置时所依据的表面（或点、线）。

在讨论表面位置精度或误差时，总是相对于工件本身的其他一些表面（或点、线）而言。因此，后者就成为研究表面位置精度或误差的出发点，即所谓基准。基准的功用不同，种类也很多，在夹具设计中直接有关的两种基准为工序基准和定位基准。

**1）工序基准**

在工件工序图中，用来确定本工序加工表面位置的基准，称为工序基准。加工表面与工序基准之间，一般有两项相对位置要求；一是加工表面对工序基准的距离位置要求，即工序尺寸要求；二是加工表面对工序基准的角度位置要求，例如平行度、垂直度等。至于加工表面对工序基准的对称度、同轴度要求，则包含着上述两项要求的内容。

如图 2 – 2（a）所示，$A$ 为加工表面，本工序要求保证 $A$ 面对下素线 $B$ 的距离尺寸 $h$，$B$ 为本工序的工序基准。

工序基准有时不止一个，简单来说工序基准的数目取决于本工序的加工表面数量以及加工面与多少个面的位置要求。在图 2 – 2（b）中，$\phi D$ 孔为加工表面，其孔中心线与 $A$ 面垂直，孔的位置是由 $B$ 面、$C$ 面的距离尺寸 $l_1$、$l_2$ 确定的，故本工序的工序基准为 $A$、$B$、$C$ 三个表面。

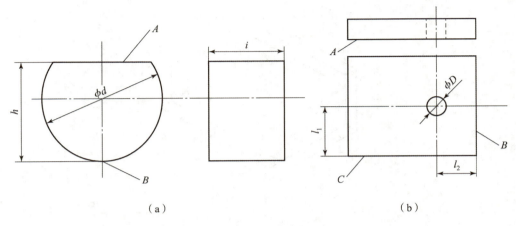

（a）　　　　　　　　　　　　　　　　　（b）

图 2－2　工件的工序基准

2）定位基准

工件定位时，用以确定工件在夹具中位置的表面（或点、线），称为定位基准。定位基准一般是与定位元件的定位表面相接触的工件表面；在某些情况下，也可以是工件的几何中心、对称线或对称面；在找正安装时，被找正的面或线则为定位基准。工件定位基准的位置一经确定，工件的工序基准、加工表面和其他部分的位置也就随之确定。因此，工件的定位就是定位基准的定位。而定位中定位基面指的是工件定位时与夹具定位元件接触的表面。

如图 2－3（a）所示，工件的定位基准为工件内孔的中心线，定位基面为工件内孔表面；在图 2－3（b）中，定位基准是外圆的下素线，而定位基面是外圆表面。

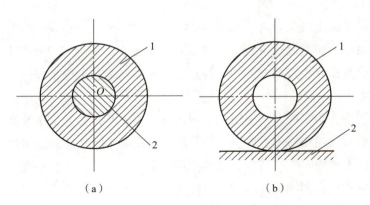

（a）　　　　　　　　　　　　（b）

图 2－3　工件的定位基准

（a）工件以心轴定位；（b）工件以支承板定位

1—工件；2—定位元件

定位基准的选择，一般应本着基准重合原则，即尽可能选用工序基准作为定位基准，这样可以减少加工误差。但有时为使夹具结构简化及考虑其他方面的因素，定位基准也可以不是工序基准。

## 2.1.5　任务实施

### 1. 学生分组

| 班级 | | 组号 | | 授课教师 | |
|---|---|---|---|---|---|
| 组长 | | | 学号 | | |
| 组员 | | | | | |
| 姓名 | 学号 | 姓名 | 学号 | 姓名 | 学号 |
| | | | | | |
| | | | | | |
| | | | | | |
| | | | | | |

### 2. 任务工作单

| 组号 | | 姓名 | | 学号 | |
|---|---|---|---|---|---|

钢套零件在本工序中需钻 $\phi5$ mm 的孔，工件材料为 Q235A 钢，批量 $N=2\,000$ 件，工件已经完成了内、外孔及端面的加工，现使用 Z512 钻床钻 $\phi5$ mm 孔。试分析图样，并选择工件的定位基准。

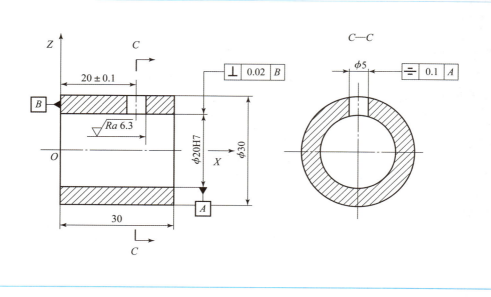

### 3. 合作研究

| 组号 | | 姓名 | | 学号 | |
|---|---|---|---|---|---|

（1）小组讨论，教师参与，确定任务工作单的最优答案。

<br><br><br><br><br><br>

（2）每组推荐一个小组长进行汇报，根据汇报情况，检讨不足。

<br><br><br><br><br><br>

### 4. 评价反馈

| 班级 | | 组名 | | 姓名 | |
|---|---|---|---|---|---|
| 学号 | | 出勤情况 | | | |
| 评价内容 | 评价要点 | 考查要点 | | 分数 | 分数评定 |
| 查阅文献情况 | 任务实施过程中文献查阅 | （1）是否查阅信息资料 | | 20分 | |
| | | （2）正确运用信息资料 | | | |
| 互动交流情况 | 组内交流，教学互动 | （1）积极参与交流 | | 30分 | |
| | | （2）主动接受教师指导 | | | |
| 任务完成情况 | 规定时间内的完成度 | （1）在规定时间内完成任务 | | 20分 | |
| | 任务完成的正确度 | （2）任务完成的正确性 | | 30分 | |
| 合计 | | | | 100分 | |

## 任务二　六点定位原理

### 2.2.1　任务描述

介绍工件定位的六点定位原理并能够灵活运用。

### 2.2.2　学习目标

1. 知识目标

（1）了解工件定位的六点定位原理。

（2）掌握如何根据工件加工要求限制工件定位自由度。

2. 能力目标

掌握工件定位的六点定位原理，根据工件加工要求限制工件定位自由度。

3. 素质目标

（1）培养学生团队协作、共同解决问题的能力。

（2）培养学生爱岗敬业的精神。

### 2.2.3　重点难点

1. 重点

工件定位的六点定位原理。

2. 难点

根据工件加工要求限制工件定位自由度。

### 2.2.4　相关知识

1. 概述

六点定位原理是工件定位的基本原理，它解决了工件的位置怎样才算确定及怎样才能确定的问题。

工件未定位时，每个工件在夹具中的位置是不确定的，对同一批工件来说，各件的位置也是不一致的。工件位置的这种不确定性，可用空间直角坐标轴分为以下六个方面：

工件沿 $X$ 轴方向的位置不确定；

工件沿 $Y$ 轴方向的位置不确定；

工件沿 $Z$ 轴方向的位置不确定；

工件绕 $X$ 轴方向的位置不确定；

工件绕 $Y$ 轴方向的位置不确定；

工件绕 $Z$ 轴方向的位置不确定。

也就是说，未定位的工件，可以认为是空间直角坐标系中的自由体，它存在着六个自由度，即沿着三个坐标轴移动的自由度（用$\vec{X}$、$\vec{Y}$、$\vec{Z}$表示），以及绕三个坐标轴转动的自由度（用$\hat{X}$、$\hat{Y}$、$\hat{Z}$表示），如图2-4所示。

若六个方面的自由度都未限制，即工件空间位置不确定的最高程度；如果某个方面的自由度被限制，那么工件在该方面的位置即被确定；若六个自由度全部被限制，则工件的位置就被完全确定。

限制自由度的方法，即在夹具中按一定要求布置适当的支承点（即定位元件），安装工件时，使其定位基准与支承点接触，则工件的相应自由度即受到限制。

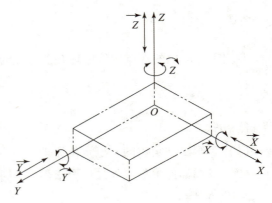

图2-4  工件的六个自由度

要使工件在夹具中的位置完全确定，其充分必要条件是将工件靠在按一定要求布置的六个支承点上，使工件的六个自由度全部被限制，其中每个支承点相应地限制一个自由度。这就是六点定位原理，又称"六点定则"。

工件定位的实质就是要限制对加工有不良影响的自由度，图2-5所示为六方体类工件的六点定位情况。工件底面落在不处于同一直线上的三个支承点（1、2、3）上，限制了工件的$\vec{Z}$、$\hat{X}$、$\hat{Y}$三个自由度，底面起主要定位作用，故称为第一定位基准；侧面靠在两个支承点（4、5）上，限制了工件的$\vec{X}$、$\hat{Z}$两个自由度，故是起次要定位作用的表面，称为第二定位基准；端面顶在一个支承点（6）上，限制了$\vec{Y}$一个自由度，称为第三定位基准。这样，工件的六个自由度都被限制了，工件的位置得到完全确定，同一批工件的各件在该夹具中的位置也将是一致的。

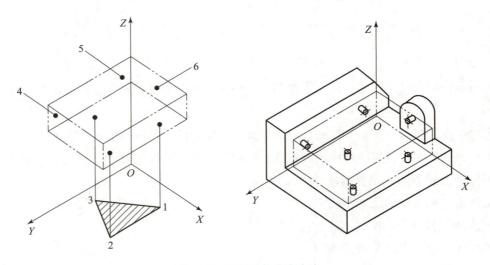

图2-5  限制工件的自由度

根据工件形状以及定位基准的不同，支承点的分布还有其他方式。尽管六个支承点的布置形式不同，但六点定位原理反映了工件定位的共同本质。运用六点定位原理，可以分析与解决任何一种定位方式和定位问题。

应该指出，理论上的支承点在实际夹具中都是具体的定位元件。定位元件所对应的支承点并不完全是其形式上所具有的点，即有时并不是那样直观明显，而必须从它实际上能够限制几个自由度来判断。

2. 限制工件自由度与加工要求的关系

工件在夹具中定位，并非是所有情况下都必须使工件完全定位，在设计工件的定位方案时，应首先分析必须限制哪些自由度，然后在夹具中配置相应的支承点。

工件所需限制的自由度主要取决于本工序的加工要求。对空间直角坐标系来说，工件在某个方面有加工要求，则在那个方面的自由度就应加以限制。如图 2-6 所示，加工工件上的通槽，需要保证槽底面与 $A$ 面的平行度和尺寸 $60_{-0.2}^{\;0}$ mm 要求，即必须限制 $\vec{Z}$、$\hat{X}$、$\hat{Y}$；还需保证槽侧面与 $B$ 面的平行度及 30 mm $\pm 0.1$ mm 要求，即必须限制 $\vec{X}$、$\hat{Z}$。但因为是加工通槽，故可以不限制 $\vec{Y}$，因为一批工件逐个在夹具上定位时，各工件沿 $Y$ 轴的位置不同不会影响加工要求。

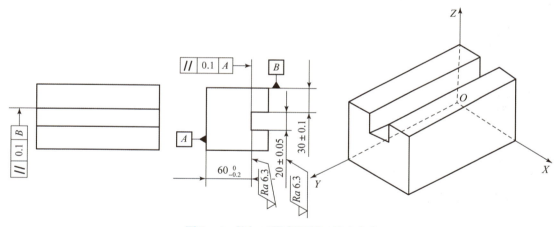

图 2-6 按加工要求限制工件自由度

因此，在夹具设计中，必须按照加工要求确定工件必须限制的自由度，不可随意进行限制。

3. 完全定位和不完全定位

利用六个支承点，使工件的六个自由度全部被限制，从而使工件在夹具中处于完全确定的位置，称为完全定位。但是在有些工序中，并不要求工件完全定位，而只是要求限制工件的部分自由度，即称为不完全定位或部分定位。

必须指出，实际设置的支承点数不得少于所需限制的自由度数。因为若支承点少于所需限制的自由度，则会造成应该限制的自由度未被限制，即欠定位。如图 2-6 所示，如果不限制 $\hat{X}$，就无法保证通槽底面与 $A$ 面的平行度要求，故欠定位不能保证工件在夹具中占据正确位置，也就无法保证工件所规定的加工要求，故欠定位是不允许发生的。

表 2-1 所示为根据加工要求必须限制的自由度。

表 2-1　根据加工要求必须限制的自由度

| 工序简图 | 加工要求 | 必须限制的自由度 |
|---|---|---|
| 加工面（平面） | 1. 尺寸 $A$；<br>2. 加工面与底面的平行度 | $\vec{Z}$、$\hat{X}$ 、$\hat{Y}$ |
| 加工面（平面） | 1. 尺寸 $A$；<br>2. 加工面与下母线的平行度 | $\vec{Z}$、$\hat{X}$ |
| 加工面（槽面） | 1. 尺寸 $A$；<br>2. 尺寸 $B$；<br>3. 尺寸 $L$；<br>4. 槽侧面与 $N$ 面的平行度；<br>5. 槽底面与 $M$ 面的平行度 | $\vec{X}$、$\vec{Y}$、$\vec{Z}$、$\hat{X}$ 、$\hat{Y}$ 、$\hat{Z}$ |
| 加工面（槽面） | 1. 尺寸 $A$；<br>2. 尺寸 $L$；<br>3. 槽与圆柱轴线平行并对称 | $\vec{X}$、$\vec{Y}$、$\vec{Z}$、$\hat{X}$、$\hat{Z}$ |

续表

| 工序简图 | 加工要求 | | 必须限制的自由度 |
|---|---|---|---|
| （加工面（圆孔）的长方体工序简图） | 1. 尺寸 $B$；<br>2. 尺寸 $L$；<br>3. 孔轴线与底面的垂直度 | 通孔 | $\vec{X}$、$\vec{Y}$、$\hat{X}$、$\hat{Y}$、$\hat{Z}$ |
| | | 不通孔 | $\vec{X}$、$\vec{Y}$、$\vec{Z}$、$\hat{X}$、$\hat{Y}$、$\hat{Z}$ |
| （加工面（圆孔）的圆盘工序简图） | 1. 孔与外圆柱面的同轴度；<br>2. 孔轴线与底面的垂直度 | 通孔 | $\vec{X}$、$\vec{Y}$、$\hat{X}$、$\hat{Y}$ |
| | | 不通孔 | $\vec{X}$、$\vec{Y}$、$\vec{Z}$、$\hat{X}$、$\hat{Y}$ |
| （加工面（两圆孔）的圆盘工序简图） | 1. 尺寸 $R$；<br>2. 两孔以圆柱轴线对称；<br>3. 两孔轴线垂直于底面 | 通孔 | $\vec{X}$、$\vec{Y}$、$\hat{X}$、$\hat{Y}$ |
| | | 不通孔 | $\vec{X}$、$\vec{Y}$、$\vec{Z}$、$\hat{X}$、$\hat{Y}$ |

**4. 重复定位**

支承点数目多于实际所限制的自由度数，即有些支承点重复限制了同一个自由度，这种定位称为重复定位（过定位）。

在实际应用中，重复定位可分为两种情况：工件的一个或几个自由度被重复限制，并对加工产生有害影响的重复定位，称为不可用重复定位，在加工中是不允许的，如图 2 - 7 （a）所示；工件的一个或几个自由度被重复限制，但仍能满足加工要求，对加工不产生有害影响，反而增加工件装夹刚度的定位，称为可用重复定位，如图 2 - 7 （b）所示。

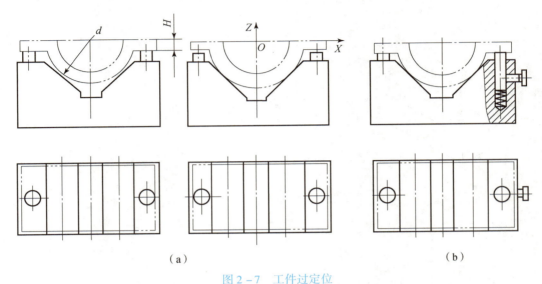

（a）　　　　　　　　　　　　　　　　　　（b）

图 2 - 7　工件过定位

（a）不可用重复定位；（b）可用重复定位

消除重复定位的措施：

（1）改变定位元件的结构；

（2）撤销重复限制自由度的定位元件；

（3）提高工件定位基准之间以及定位元件工作表面之间的位置精度；

（4）采用浮动元件。

### 2.2.5　任务实施

1. 学生分组

| 班级 | | 组号 | | 授课教师 | |
|---|---|---|---|---|---|
| 组长 | | | 学号 | | |
| 组员 | | | | | |
| 姓名 | 学号 | 姓名 | 学号 | 姓名 | 学号 |
| | | | | | |
| | | | | | |
| | | | | | |
| | | | | | |
| | | | | | |

## 2. 任务工作单

| 组号 | | 姓名 | | 学号 | |
|------|---|------|---|------|---|

钢套零件在本工序中需钻 $\phi 5$ mm 的孔，工件材料为 Q235A 钢，批量 $N = 2\,000$ 件，工件已经完成了内、外孔及端面的加工，现使用 Z512 钻床钻 $\phi 5$ mm 孔。根据工件的加工要求分析所需要限制的自由度

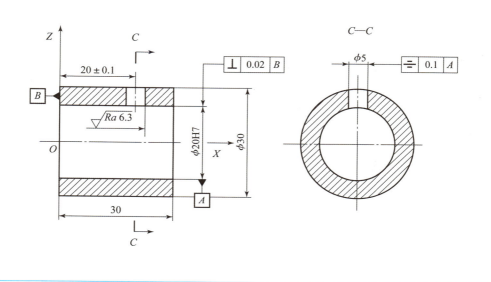

## 3. 合作研究

| 组号 | | 姓名 | | 学号 | |
|------|---|------|---|------|---|

（1）小组讨论，教师参与，确定任务工作单的最优答案。

（2）每组推荐一个小组长进行汇报，根据汇报情况，检讨不足。

## 4. 评价反馈

| 班级 | | 组名 | | 姓名 | |
|---|---|---|---|---|---|
| 学号 | | | 出勤情况 | | |
| 评价内容 | 评价要点 | 考查要点 | | 分数 | 分数评定 |
| 查阅文献情况 | 任务实施过程中文献查阅 | （1）是否查阅信息资料 | | 20 分 | |
| | | （2）正确运用信息资料 | | | |
| 互动交流情况 | 组内交流，教学互动 | （1）积极参与交流 | | 30 分 | |
| | | （2）主动接受教师指导 | | | |
| 任务完成情况 | 规定时间内的完成度 | （1）在规定时间内完成任务 | | 20 分 | |
| | 任务完成的正确度 | （2）任务完成的正确性 | | 30 分 | |
| 合计 | | | | 100 分 | |

# 任务三  定位元件的选择与设计

## 2.3.1  任务描述

掌握如何合理地选择所需的定位元件对工件进行定位。

## 2.3.2  学习目标

1．知识目标

（1）掌握设计定位元件的要求。

（2）掌握合理选择定位元件的方法。

2．能力目标

掌握常用定位元件的定位分析。

3．素质目标

（1）培养学生团队协作、共同解决问题的能力。

（2）培养学生爱岗敬业的精神。

## 2.3.3  重点难点

1．重点

掌握设计定位元件的要求。

2．难点

合理地选择所需的定位元件对工件进行定位。

## 2.3.4  相关知识

1．定位元件的设计

工件的定位是通过工件上的定位表面与夹具上的定位元件的配合或接触来实现的，定位表面形状不同，所用定位元件种类也不同。定位元件设计主要包括结构、形状、尺寸及布置形式等的设计。对定位元件的主要要求如下：

（1）足够的精度。定位元件的精度将直接影响工件的加工精度，精度过低则保证不了工件的加工要求，过高则会使制造困难。

（2）足够的强度和刚度。定位元件不仅能限制工件的自由度，还有支承工件、承受夹紧力和切削力的作用，因此应有足够的强度和刚度，以免在使用中变形和损坏。

（3）耐磨性好。工件的装卸会磨损定位元件的工作表面，导致定位精度的下降。

（4）工艺性好。定位元件的结构应简单、合理，便于加工、装配和更换。

（5）便于清除切屑。定位元件工作表面的形状应有利于清除切屑，否则会影响定位精度，而且还会损伤定位基准表面。

2. 常见的定位元件

1）工件以平面定位

（1）固定支承。

使用中不需要调整的支承，称为固定支承。固定支承有支承钉和支承板。

①支承钉的选用。

如图2-8所示，常用支承钉可分为平头支承钉［见图2-8（a）］、球头支承钉［见图2-8（b）］、锯齿支承钉［见图2-8（c）］。

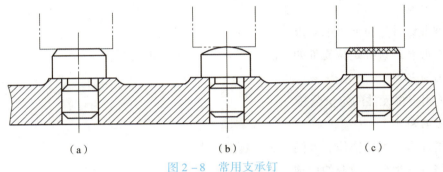

（a）　　　　　　　　　　（b）　　　　　　　　　　（c）

图2-8　常用支承钉

（a）平头；（b）球头；（c）锯齿

a. 平头支承钉适用于工件以面积较小的已经加工的基准平面定位。

b. 球头支承钉适用于工件以粗糙不平的基准面或毛坯面定位。

c. 锯齿支承钉的锯齿头能增大与定位基准面间的摩擦力，阻止工件受力后滑动，故适用于底面定位，其接触良好、定位稳定。

②支承板的选用。

当工件以面积较大、平面精度较高的基准平面定位时，常选用支承板定位。

常见支承板主要包括不带斜槽的支承板［见图2-9（a）］和带斜槽的支承板［见图2-9（b）］。

a. 不带斜槽的支承板，结构简单、易于制造，但在使用时积屑不易清除，故只宜用于侧面和顶面定位。

b. 带斜槽的支承板，利于清除切屑，易于保证工作表面的清洁，故适用于底面定位。

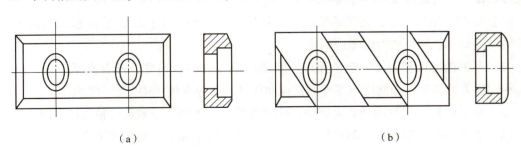

（a）　　　　　　　　　　　　　　　　　　（b）

图2-9　常用支承板

（2）可调支承。

在图 2 - 10 中，图 2 - 10（a）所示为圆头可调支承，图 2 - 10（b）所示为锥顶可调支承，图 2 - 10（c）所示为摆动压块可调支承。当工件以粗基准定位时或不同批的毛坯尺寸相差较大的情况下，支承的高度需要调整，故采用可调支承。

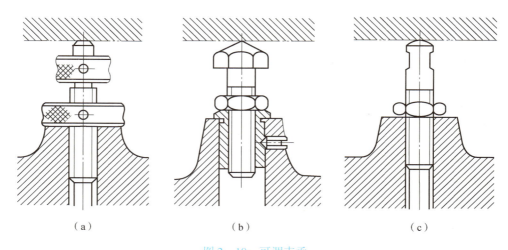

（a）　　　　　　　　（b）　　　　　　　　（c）

图 2 - 10　可调支承

（a）圆头可调支承；（b）锥顶可调支承；（c）摆动压块可调支承

（3）浮动支承。

在工件定位时，能自动适应工件定位基准变化的支承称为浮动支承，也叫自位支承，如图 2 - 11 所示。

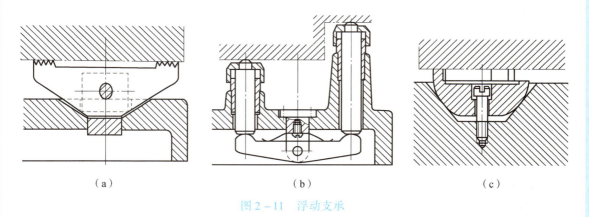

（a）　　　　　　　　（b）　　　　　　　　（c）

图 2 - 11　浮动支承

（4）辅助支承。

用来提高工件的定位刚度、稳定性以及可靠性，又不起定位作用的支承，称为辅助支承。

①螺旋式辅助支承。如图 2 - 12（a）所示，螺旋式辅助支承的结构与调节支承相近，不同之处在于操作过程，螺旋式辅助支承不起定位作用，而调节支承起定位作用。在结构上螺旋式辅助支承不用螺母锁紧。

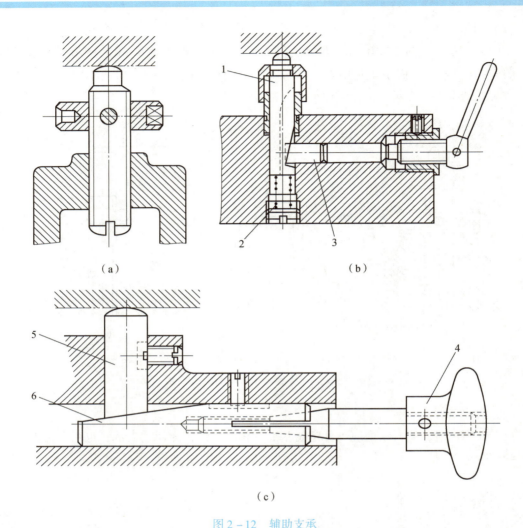

（a）　　　　　　　　　　　　　　（b）

（c）

图 2 - 12　辅助支承

（a）螺旋式辅助支承；（b）自动调节支承；（c）推引式辅助支承

1—滑柱；2—弹簧；3—顶柱；4—手轮；5—滑销；6—斜楔

②自动调节支承。如图 2 - 12（b）所示，弹簧 2 推动滑柱 1 与工件接触，转动手柄通过顶柱 3 锁紧滑柱 1，使其承受切削力等外力。此结构的弹簧力应能推动滑柱，不能顶起工件，不会破坏工件的定位。

③推引式辅助支承。如图 2 - 12（c）所示，工件定位后，推动手轮 4 使滑销 5 与工件接触，然后转动手轮使斜楔 6 开槽部分胀开而锁紧。

2）工件以外圆柱面定位

（1）V 形块定位。

V 形块定位是最常见的外圆定位元件。

①V 形块的结构。

常见 V 形块的结构如图 2 - 13 所示，图 2 - 13（a）所示结构用于较短工件的精基准定位，图 2 – 13（b）所示结构用于较长工件的粗基准定位，图 2 – 13（c）所示结构用于较长工件的精基准定位。

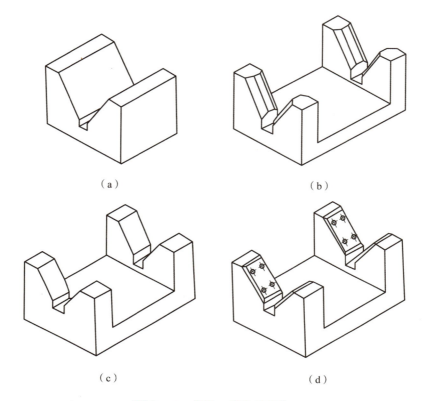

（a）　　　　　　　　　　　　　（b）

（c）　　　　　　　　　　　　　（d）

图 2 – 13　常见 V 形块的结构

根据 V 形块的夹角不同，一般可分为 60°、90°、120° 三种，夹角为 90° 的 V 形块最为常用。

② V 形块的尺寸参数。

$d$：V 形块的标准心轴直径尺寸（工件定位用外圆的理想直径尺寸）；

$H$：V 形块的高度尺寸；

$N$：V 形块的开口尺寸；

$H_{定}$：V 形块的标准定位高度尺寸（V 形块加工时的检验尺寸）；

$\alpha$：V 形块两基面间的夹角。

V 形块属于标准化定位元件，部分参数可直接从夹具标准或夹具手册中查得，$H_{定}$ 为计算参数，如图 2 – 14 所示。

$$H_{定} - H = OE - CE$$

在 $\triangle OEB$ 中：

$$OE = \frac{d}{2\sin\dfrac{\alpha}{2}}$$

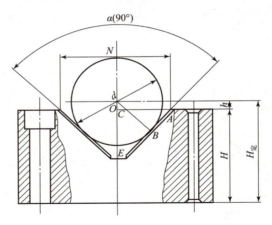

图 2 – 14  V 形块结构尺寸

在 △CEA 中：

$$CE = \frac{N}{2\tan\dfrac{\alpha}{2}}$$

V 形块既能用于精定位基面，又能用于粗定位基面；既能用于完整的圆柱面，也能用于局部圆柱面，并且具有对中性（使工件的定位基准处于 V 形块两限位基面的对称面内）；活动 V 形块还能兼作夹紧元件。故 V 形块使用较为广泛。

（2）半圆套。

如图 2 – 15 所示，半圆套一般置于工件的下方进行定位。这种定位方式类似于 V 形块，也类似于轴承，常用于大型轴类零件的精基准定位，其稳固性比 V 形块更好，定位精度取决于定位基面的精度，轴颈精度一般为 IT7、IT8。

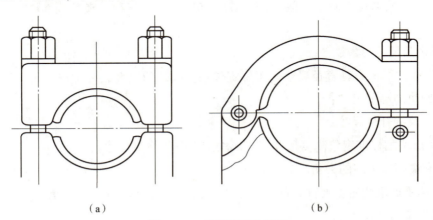

（a）                                （b）

图 2 – 15  半圆套定位装置

（3）定位套。

通常定位套的圆柱面与端面组合定位，限制工件的 5 个自由度。其属于间隙配合的中心定位，故对基面的精度也有严格要求，轴颈精度一般为 IT7、IT8。定位套应用较少，常用于简单的小型轴类零件的定位。如图 2 – 16 所示。

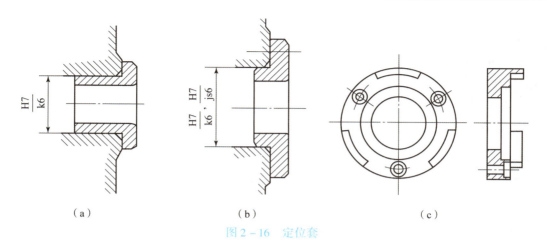

（a）　　　　　　　　　（b）　　　　　　　　　（c）

图 2 – 16　定位套

3）工件以圆柱孔定位

圆柱孔定位的基本定位元件有定位销和圆柱心轴两种。

（1）定位销。

如图 2 – 17 所示，定位销通常有固定式定位销和可换式定位销。此外，按形状又可分为 A 型圆柱销和 B 型菱形销。在大批量生产中，为了便于定位销的更换，常采用可换式定位销。

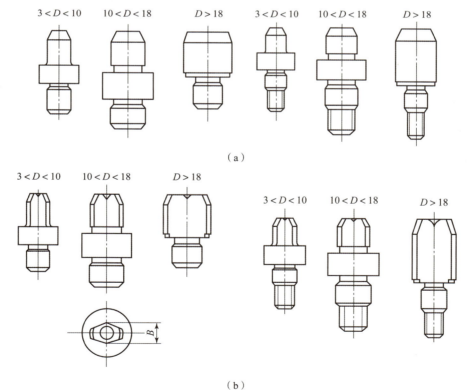

图 2 – 17　定位销

（a）A 型；（b）B 型

（2）圆柱心轴。

①间隙配合心轴，如图2-18（a）所示，此类心轴的限位基面通常按h6、g6或f7制造，其装卸工件方便，但定位精度不高。为了减少因配合间隙而造成的工件倾斜，工件常以孔和端面联合定位，故要求工件定位孔与定位端面之间、心轴限位圆柱面与限位端面之间都有较高的垂直度，最好能在一次装夹中加工出来。

②过盈配合心轴，如图2-18（b）所示，这种心轴制造简单，定心准确，不用另设夹紧装置，但装卸工件不便，易损伤工件定位孔，因此，多用于定心精度要求高的精加工。

③花键心轴，如图2-18（c）所示，用于加工以花键孔定位的工件。

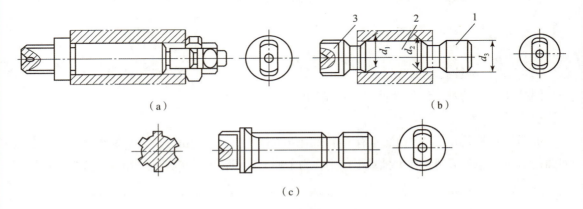

（a） （b）

（c）

图2-18 常见心轴

1—引导部分；2—工作部分；3—传动部分

（3）圆锥销。

图2-19所示为工件以圆孔在圆锥销上定位的示意图，限制了工件$\vec{X}$、$\vec{Y}$、$\vec{Z}$三个自由度，其中图2-19（a）所示结构用于粗基准定位，图2-19（b）所示结构用于精基准定位。工件在使用圆锥销定位时，如果使用单个圆锥销定位会发生倾斜，故圆锥销通常与其他定位元件组合定位。

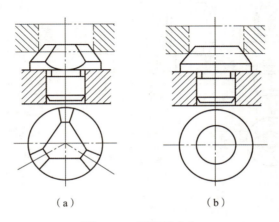

（a） （b）

图2-19 圆锥销定位

（4）锥度心轴。

图 2-20 所示为锥度心轴，工件使用锥度心轴定位是靠工件定位圆孔与锥度心轴限位圆柱面的弹性变形来夹紧工件，这种定位方式的定心精度较高，但工件的轴向位移误差较大，常用于工件定位孔精度不低于 IT7 的精车加工和磨削加工，不适用于加工端面。

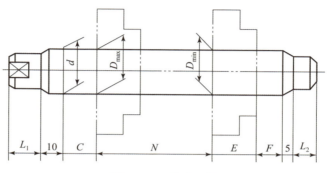

图 2-20 锥度心轴

## 2.3.5 任务实施

### 1. 学生分组

| 班级 | | 组号 | | 授课教师 | |
|---|---|---|---|---|---|
| 组长 | | | 学号 | | |
| 组员 | | | | | |
| 姓名 | 学号 | 姓名 | 学号 | 姓名 | 学号 |
| | | | | | |
| | | | | | |
| | | | | | |
| | | | | | |
| | | | | | |

### 2. 任务工作单

| 组号 | | 姓名 | | 学号 | |
|---|---|---|---|---|---|

钢套零件在本工序中需钻 $\phi 5$ mm 的孔，工件材料为 Q235A 钢，批量 $N = 2\,000$ 件，工件已经完成了内、外孔及端面的加工，现使用 Z512 钻床钻 $\phi 5$ mm 孔。根据工件的加工要求分析所需要限制的自由度，选用合理的定位元件

| 组号 | | 姓名 | | 学号 | |
|---|---|---|---|---|---|

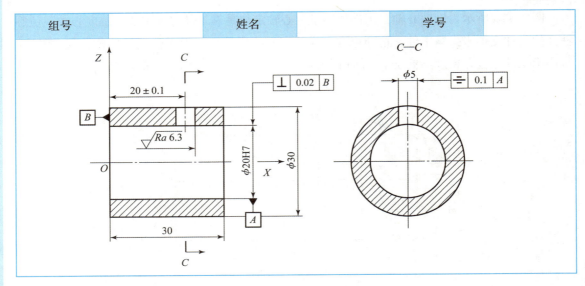

### 3. 合作研究

| 组号 | | 姓名 | | 学号 | |
|---|---|---|---|---|---|
| （1）小组讨论，教师参与，确定任务工作单的最优答案。 | | | | | |
| | | | | | |
| （2）每组推荐一个小组长进行汇报，根据汇报情况，检讨不足。 | | | | | |
| | | | | | |

### 4. 评价反馈

| 班级 | | 组名 | | 姓名 | |
|---|---|---|---|---|---|
| 学号 | | | 出勤情况 | | |
| 评价内容 | 评价要点 | 考查要点 | | 分数 | 分数评定 |
| 查阅文献情况 | 任务实施过程中文献查阅 | （1）是否查阅信息资料 | | 20分 | |
| | | （2）正确运用信息资料 | | | |

续表

| 评价内容 | 评价要点 | 考查要点 | 分数 | 分数评定 |
|---|---|---|---|---|
| 互动交流情况 | 组内交流，教学互动 | （1）积极参与交流 | 30 分 | |
| | | （2）主动接受教师指导 | | |
| 任务完成情况 | 规定时间内的完成度 | （1）在规定时间内完成任务 | 20 分 | |
| | 任务完成的正确度 | （2）任务完成的正确性 | 30 分 | |
| 合计 | | | 100 分 | |

# 任务四　定位误差分析计算

## 2.4.1　任务描述

掌握定位误差的分析和计算方法。

## 2.4.2　学习目标

1. 知识目标

（1）了解定位误差的分析方法。

（2）掌握定位误差的计算方法。

2. 能力目标

掌握定位误差的分析和计算方法。

3. 素质目标

（1）培养学生团队协作、共同解决问题的能力。

（2）培养学生爱岗敬业的精神。

## 2.4.3　重点难点

1. 重点

了解定位误差的分析方法。

2. 难点

掌握定位误差的计算方法。

## 2.4.4　相关知识

在夹具使用中，加工工件产生误差的因素有以下 4 个方面：

（1）与工件在夹具中定位有关的误差，称为定位误差，用 $\Delta_D$ 表示。

（2）与夹具在机床上位置有关的误差，称为位置误差，用 $\Delta_A$ 表示，其中包括定位元件的定位面与夹具基面的误差和夹具的安装连接误差。

（3）与导向或对刀有关的误差，称为导向（对刀）误差，用 $\Delta_T$ 表示。

（4）与加工工艺及方法有关的误差，称为加工方法误差，用 $\Delta_G$ 表示，其中包括机床本身的误差、刀具误差、变形误差和测量误差等。

要保证工件的加工要求，以上几种误差之和不能超过工件的加工误差 $T$，采用概率计算可得：

$$\sqrt{\Delta_D^2 + \Delta_A^2 + \Delta_T^2 + \Delta_G^2} \leqslant T$$

式中　当 $\Delta_D \leqslant \dfrac{T}{3}$ 时，定位误差较为合理。

1. 造成定位误差的原因

造成定位误差的原因有两个：一是定位基准和工序基准不重合，由此产生基准不重合误差$\Delta_B$；二是定位基准与限位基准不重合，由此产生基准位移误差$\Delta_Y$。

1）基准不重合误差$\Delta_B$

图 2-21（a）所示为在工件上铣缺口的工序简图，加工尺寸为 $A$ 和 $B$。图 2-21（b）所示为加工该工序的示意图，由图可知，工件是以底面和 $E$ 面进行定位；尺寸 $C$ 是确定刀具与夹具相互位置的尺寸，在批量加工中，$C$ 的大小是不变的。

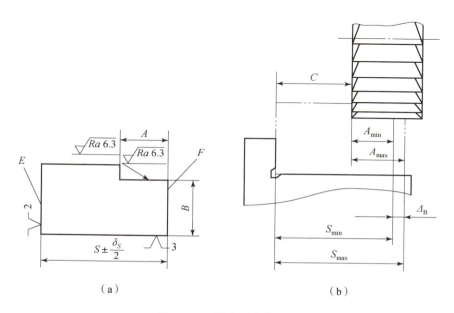

（a）　　　　　　　　　　　　　（b）

图 2-21　基准不重合误差

加工尺寸 $A$ 的工序基准是 $F$，定位基准是 $E$，两者不重合。当一批工件逐个在夹具上定位时，受尺寸 $S \pm \delta_S/2$ 的影响，工序基准 $F$ 的位置是变动的。$F$ 的变动将直接影响 $A$ 的大小，造成 $A$ 的尺寸误差，这个误差就是基准不重合误差。

由此可见，基准不重合误差的大小应等于因定位基准与工序基准不重合而造成的加工尺寸的变动范围，即

$$\Delta_B = A_{max} - A_{min} = S_{max} - S_{min} = \delta_S$$

故当工序基准变动方向与加工尺寸方向相同时，基准不重合误差等于定位尺寸公差，即

$$\Delta_B = \delta_S$$

但工序基准变动方向与加工尺寸方向也存在不一致的情况，此时它们之间存在一夹角 $\alpha$，基准不重合误差等于定位尺寸公差在加工尺寸方向上的投影，即

$$\Delta_B = \delta_S \cos \alpha$$

如果工序基准和定位基准重合，则此时没有基准不重合误差，即

$$\Delta_B = 0$$

2）基准位移误差$\Delta_Y$

图 2 - 22（a）所示为在圆柱面上铣槽的工序简图，加工尺寸为 $A$ 和 $B$。图 2 - 22（b）所示为加工示意图，工件以内孔 $D$ 在圆柱心轴上定位，$O$ 是心轴轴心，即限位基准，$C$ 是对刀尺寸。

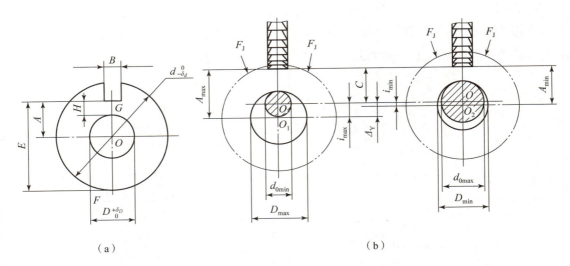

图 2 - 22　基准不重合误差

尺寸 $A$ 的工序基准是内孔轴线，定位基准也是内孔轴线，两者重合，$\Delta_B = 0$。但是工件内孔面与心轴圆柱面存在制造公差和配合间隙，这样会使得工件内孔轴线与心轴轴线不能重合，并且在夹紧力 $F_J$ 的作用下，定位基准会相对限位基准下移一段距离。定位基准的位置变动会影响到尺寸 $A$ 的大小，造成误差，该误差就是基准位移误差，即

$$\Delta_Y = A_{max} - A_{min} = i_{max} - i_{min} = \delta_i$$

故当定位基准变动方向与加工尺寸方向一致时，基准位移误差等于定位基准的变动范围，即

$$\Delta_Y = \delta_i$$

但定位基准变动方向与加工尺寸方向也存在方向不一致的情况，即会存在夹角 $\alpha$，此时基准位移误差等于定位基准的变动范围在加工尺寸方向上的投影，即

$$\Delta_Y = \delta_i \cos \alpha$$

2. 定位误差 $\Delta_D$ 的合成

（1）当产生定位误差的原因是工序基准不在定位基面上时，应将两项误差直接相加，即

$$\Delta_D = \Delta_Y + \Delta_B$$

（2）定位误差是由基准不重合误差与基准位移误差合成的结果，当基准不重合误差和基准位移误差分别引起工序尺寸做相同方向变化时（即同时增大或同时减小），若定位基准与工序基准的变动方向相同，则取"＋"；若变动方向相反，则取"－"。

$$\Delta_{\mathrm{D}} = \Delta_{\mathrm{Y}} \pm \Delta_{\mathrm{B}}$$

### 2.4.5 任务实施

1. 学生分组

| 班级 | | 组号 | | 授课教师 | |
|---|---|---|---|---|---|
| 组长 | | | 学号 | | |
| 组员 | | | | | |
| 姓名 | 学号 | 姓名 | 学号 | 姓名 | 学号 |
| | | | | | |
| | | | | | |
| | | | | | |
| | | | | | |
| | | | | | |
| | | | | | |

2. 任务工作单

| 组号 | | 姓名 | | 学号 | |
|---|---|---|---|---|---|

钢套钻孔采用心轴定位,试计算加工尺寸 20 mm ± 0.1 mm 和对称度为 0.1 mm 的定位误差,并判断定位方案是否满足加工要求。

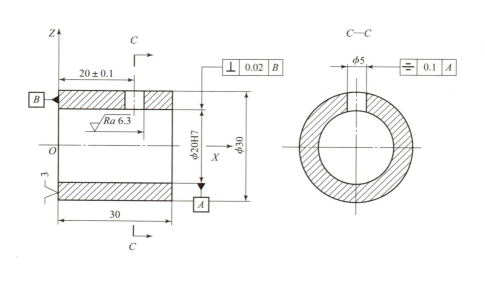

### 3. 合作研究

| 组号 | | 姓名 | | 学号 | |
|---|---|---|---|---|---|

（1）小组讨论，教师参与，确定任务工作单的最优答案。

（2）每组推荐一个小组长进行汇报，根据汇报情况，检讨不足。

### 4. 评价反馈

| 班级 | | 组名 | | 姓名 | |
|---|---|---|---|---|---|
| 学号 | | | 出勤情况 | | |

| 评价内容 | 评价要点 | 考查要点 | 分数 | 分数评定 |
|---|---|---|---|---|
| 查阅文献情况 | 任务实施过程中文献查阅 | （1）是否查阅信息资料 | 20 分 | |
| | | （2）正确运用信息资料 | | |
| 互动交流情况 | 组内交流，教学互动 | （1）积极参与交流 | 30 分 | |
| | | （2）主动接受教师指导 | | |
| 任务完成情况 | 规定时间内的完成度 | （1）在规定时间内完成任务 | 20 分 | |
| | 任务完成的正确度 | （2）任务完成的正确性 | 30 分 | |
| 合计 | | | 100 分 | |

# 模块三　工件的夹紧设计

## 任务一　工件的夹紧

### 3.1.1　任务描述

观察图 3 - 1，什么是夹紧？夹紧装置的组成及工作原理是什么？夹紧装置的功能是什么？

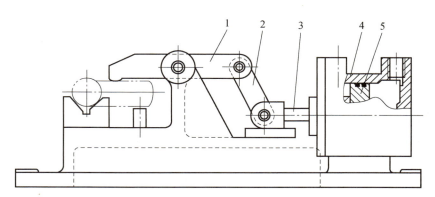

图 3 - 1　液压夹紧铣床夹具
1—压板；2—铰链臂；3—活塞杆；4—液压缸；5—活塞

### 3.1.2　学习目标

1. 知识目标
（1）掌握夹紧装置的组成及工作原理。
（2）了解什么是工件的夹紧。

2. 能力目标
能够掌握夹紧装置的组成及工作原理。

3. 素质目标
（1）培养学生团队协作、共同解决问题的能力。
（2）培养学生爱岗敬业的精神。

### 3.1.3 重点、难点

1. 重点

夹紧装置的组成及工作原理。

2. 难点

夹紧装置的组成及工作原理。

### 3.1.4 相关知识

1. 概述

工件定位之后，在切削加工之前，必须用夹紧装置将其夹紧，以防在加工过程中受到切削力、重力、惯性力等的作用而发生位移和振动，影响加工质量，甚至使加工无法顺利进行。因此，夹紧装置的合理选用至关重要。夹紧装置也是机床夹具的重要组成部分，对夹具的使用性能和制造成本等有很大的影响。

2. 夹紧装置的组成

1）动力装置——产生夹紧力

在机械加工过程中，要保证工件不离开定位时占据的正确位置，就必须有足够的夹紧力来平衡切削力、惯性力、离心力及重力对工件的影响。夹紧力的来源，一是人力；二是某种动力装置。常用的动力装置有液压装置、气压装置、电磁装置、电动装置、气—液联动装置和真空装置等。

2）夹紧机构——传递夹紧力

要使动力装置所产生的原始作用力或操作者的人力正确地作用到工件上，还需要有最终夹紧工件的执行元件（即夹紧元件）以及将原始作用力或操作者的人力传递给夹紧元件的中间递力机构。在工件夹紧过程中起力的传递作用的机构，称为夹紧机构。最简单的夹紧机构就是一个元件，如夹紧螺钉，它既是夹紧元件，也是中间递力机构。

3）夹紧元件——执行元件

夹紧元件是夹紧装置的最终执行元件，它与工件直接接触，把工件夹紧。

3. 对夹紧装置的基本要求

夹紧装置应能保证加工质量、提高劳动生产率、降低加工成本及确保工人的生产安全。对夹紧装置的基本要求如下：

（1）夹紧时不能破坏工件在夹具中占有的正确位置。

（2）夹紧力的大小要适当，既要保证工件在加工过程中位置不变，不产生松动、振动，同时还要尽量避免和减小工件的夹紧变形及对夹紧表面的损伤。

（3）夹紧装置要操作方便，夹紧迅速、省力。大批量生产中，应尽可能采用气动、液动夹紧装置，以减轻工人的劳动强度和提高生产率；在小批量生产中，采用结构简单的螺钉压板时，也要尽量缩短辅助时间。

（4）结构要紧凑、简单，有良好的结构工艺性，尽量使用标准件，应有良好的自锁性。

如图3-1所示的夹具，其夹紧装置就是由液压缸4（动力装置）、压板1（夹紧元件）和铰链臂2（中间递力机构）所组成的。液压缸产生的夹紧力传给铰链、杠杆、活塞，它们会改变夹紧力的大小和方向，将原始力增大，同时具有自锁功能，保证夹具在动力消失后仍能可靠地夹紧工件，确保安全加工。压板是夹紧装置的最终执行元件，它与工件直接接触，把工件夹紧。

### 3.1.5　任务实施

1. 学生分组

| 班级 | | 组号 | | 授课教师 | |
|---|---|---|---|---|---|
| 组长 | | | 学号 | | |
| 组员 | | | | | |
| 姓名 | 学号 | 姓名 | 学号 | 姓名 | 学号 |
| | | | | | |
| | | | | | |
| | | | | | |
| | | | | | |
| | | | | | |

2. 任务工作单

| 组号 | | 姓名 | | 学号 | |
|---|---|---|---|---|---|
| （1）什么是夹紧？ | | | | | |
| | | | | | |
| （2）夹紧装置的功能是什么？ | | | | | |
| | | | | | |
| （3）夹紧装置的组成及工作原理是什么？ | | | | | |
| | | | | | |

### 3. 合作研究

| 组号 | | 姓名 | | 学号 | |
|---|---|---|---|---|---|
| （1）小组讨论，教师参与，确定任务工作单的最优答案。 | | | | | |
| | | | | | |
| （2）每组推荐一个小组长进行汇报，根据汇报情况，检讨不足。 | | | | | |
| | | | | | |

### 4. 评价反馈

| 班级 | | | 组名 | | 姓名 | |
|---|---|---|---|---|---|---|
| 学号 | | | | 出勤情况 | | |
| 评价内容 | 评价要点 | 考查要点 | | 分数 | 分数评定 | |
| 查阅文献情况 | 任务实施过程中文献查阅 | （1）是否查阅信息资料 | | 20分 | | |
| | | （2）正确运用信息资料 | | | | |
| 互动交流情况 | 组内交流，教学互动 | （1）积极参与交流 | | 30分 | | |
| | | （2）主动接受教师指导 | | | | |
| 任务完成情况 | 规定时间内的完成度 | （1）在规定时间内完成任务 | | 20分 | | |
| | 任务完成的正确度 | （2）任务完成的正确性 | | 30分 | | |
| 合计 | | | | 100分 | | |

## 任务二　夹紧力的确定

### 3.2.1　任务描述

举例说明夹紧力的方向、作用点、大小的确定原则。

### 3.2.2　学习目标

1. 知识目标
（1）了解力的三要素。
（2）掌握力的方向、作用点、大小的确定原则。
2. 能力目标
掌握力的方向、作用点、大小的确定原则。
3. 素质目标
（1）培养学生团队协作、共同解决问题的能力。
（2）培养学生爱岗敬业的精神。

### 3.2.3　重点、难点

1. 重点
力的方向、作用点大小的确定原则。
2. 难点
力的方向、作用点大小的确定原则。

### 3.2.4　相关知识

1. 概述
确定夹紧力就是确定夹紧力的大小、方向和作用点三个要素。在确定夹紧力的三要素时，要分析工件的结构特点、加工要求、切削力及其他外力作用于工件的情况，而且必须考虑定位装置的结构形式和布置方式。

2. 夹紧力的方向和作用点的确定
（1）夹紧力的方向应朝向定位基准面。对工件只施加一个夹紧力，或施加几个方向相同的夹紧力时，夹紧力的方向应尽可能朝向主要限位面。

如图3-2（a）所示，工件被镗的孔与左端面有一定的垂直度要求，因此，工件以孔的左端面与定位元件的 $A$ 面接触，限制三个自由度；以底面与 $B$ 面接触，限制两个自由度。夹紧力朝向主要限位面 $A$，这样做有利于保证孔与左端面的垂直度要求。如果夹紧力改为朝向 $B$ 面，则由于工件左端面与底面的夹角误差，夹紧时将破坏工件的定位，影响孔与左端面的垂直度要求。

如图 3 - 2 （b） 所示，夹紧力朝向主要限位面——V 形块的 V 形面，使工件的装夹稳定可靠。如果夹紧力改为朝向 B 面，则由于工件圆柱面与端面的垂直度误差，夹紧时，工件的圆柱面可能会离开 V 形块的 V 形面。这不仅破坏了定位，影响加工要求，而且加工时工件容易振动。

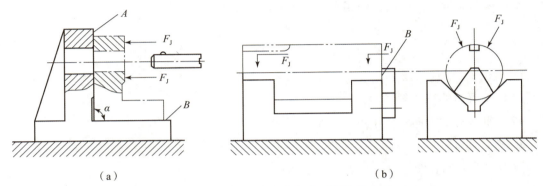

(a)                    (b)

图 3 - 2　夹紧力方向应朝向主要定位基准面

对工件施加几个方向不同的夹紧力时，朝向主要定位基准面的夹紧力应是主要夹紧力。

（2） 夹紧力的作用点应落在定位元件的支承范围内。如图 3 - 3 所示，夹紧力的作用点落到了定位元件的支承范围之外，夹紧时将破坏工件的定位，因而是错误的。

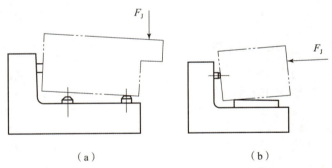

(a)                    (b)

图 3 - 3　夹紧力作用点的位置不正确

（3） 夹紧力的作用点应落在工件刚性较好的方向和部位，这一原则对刚性差的工件特别重要。如图 3 - 4 （a） 所示，薄壁套的轴向刚性比径向好，用卡爪径向夹紧，工件变形大，若沿轴向施加夹紧力，变形就会小得多。在夹紧如图 3 - 4 （b） 所示的薄壁箱体时，夹紧力不应作用在箱体的顶面，而应作用在刚性较好的凸边上，当箱体没有凸边时，则可将单点夹紧改为三点夹紧 ［见图 3 - 4 （c）］，使着力点落在刚性较好的箱壁上，并降低着力点的压强，减小工件的夹紧变形。

（4） 夹紧力作用点应靠近工件的加工表面。如图 3 - 5 所示，在拨叉上铣槽，由于主要夹紧力的作用点距加工表面较远，故在靠近加工表面的地方设置了辅助支承，增加了夹紧力 $F'_J$，这样不仅提高了工件的装夹刚性，还可减小加工时工件的振动。

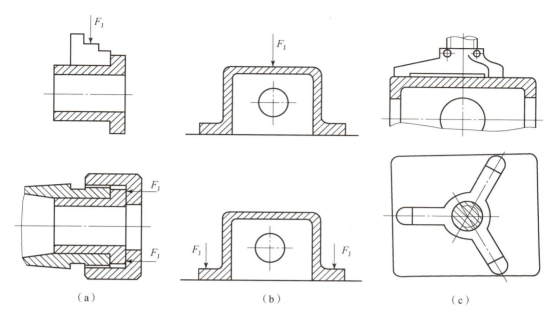

图 3-4 夹紧力作用点与夹紧变形的关系

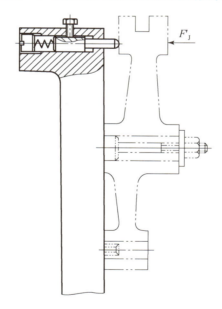

图 3-5 夹紧力作用点靠近加工表面

**3. 夹紧力大小的确定**

在夹紧力的方向和作用点确定之后，必须确定夹紧力的大小。夹紧力过小，难以保证工件定位的稳定性和加工质量；夹紧力过大，将不必要地增大夹紧装置等的规格、尺寸，还会使夹紧系统的变形增大，从而影响加工质量。

在加工过程中，工件受到切削力、离心力、惯性力及重力等的作用，理论上，夹紧力的大小应与上述力（矩）的大小相平衡。实际上，夹紧力的大小还与工艺系统的刚性、夹紧机构的传递效率等有关。而且，切削力的大小在加工过程中是变化的，因此，夹紧力的计算只能在静态下进行粗略的估算。

（1）建立理论夹紧力 $F_{J理}$ 与主要最大切削力 $F_P$ 的静平衡方程：

$$F_{J理} = F_P$$

（2）实际需要的夹紧力 $F_{J需}$ 应考虑安全系数（见表 3-1），即

$$F_{J需} = KF_{J理}$$

（3）校核夹紧机构产生的夹紧力 $F_J$ 是否满足条件：

$$F_J > F_{J需}$$

表 3-1 安全系数

| 考虑因素 | | 系数值 |
|---|---|---|
| $K_0$—基本安全系数（考虑工件材质、余量是否均匀） | | 1.2~1.5 |
| $K_1$—加工性质系数 | 粗加工 | 1.2 |
| | 精加工 | 1.0 |
| $K_2$—刀具钝化系数 | | 1.1~1.3 |
| $K_3$—切削特点系数 | 连续切削 | 1.0 |
| | 断续切削 | 1.2 |

　　夹紧力三要素的确定实际上是一个综合性问题，必须全面考虑工件的结构特点、工艺方法及定位元件的结构和布置等多种因素，才能最后确定并具体设计出较为理想的夹紧机构。

### 3.2.5　任务实施

　　1. 学生分组

| 班级 | | 组号 | | 授课教师 | |
|---|---|---|---|---|---|
| 组长 | | | 学号 | | |
| 组员 | | | | | |
| 姓名 | 学号 | 姓名 | 学号 | 姓名 | 学号 |
| | | | | | |
| | | | | | |
| | | | | | |
| | | | | | |
| | | | | | |

## 2. 任务工作单

| 组号 | | 姓名 | | 学号 | |
|---|---|---|---|---|---|
| 举例说明夹紧力的方向、作用点、大小的确定原则。 | | | | | |
| | | | | | |

## 3. 合作研究

| 组号 | | 姓名 | | 学号 | |
|---|---|---|---|---|---|
| （1）小组讨论，教师参与，确定任务工作单的最优答案。 | | | | | |
| | | | | | |
| （2）每组推荐一个小组长进行汇报，根据汇报情况，检讨不足。 | | | | | |
| | | | | | |

## 4. 评价反馈

| 班级 | | 组名 | | 姓名 | |
|---|---|---|---|---|---|
| 学号 | | 出勤情况 | | | |
| 评价内容 | 评价要点 | 考查要点 | | 分数 | 分数评定 |
| 查阅文献情况 | 任务实施过程中文献查阅 | （1）是否查阅信息资料 | | 20分 | |
| | | （2）正确运用信息资料 | | | |
| 互动交流情况 | 组内交流，教学互动 | （1）积极参与交流 | | 30分 | |
| | | （2）主动接受教师指导 | | | |
| 任务完成情况 | 规定时间内的完成度 | （1）在规定时间内完成任务 | | 20分 | |
| | 任务完成的正确度 | （2）任务完成的正确性 | | 30分 | |
| 合计 | | | | 100分 | |

# 任务三　典型夹紧机构

## 3.3.1　任务描述

观察几种典型夹紧机构的结构及其工作原理。

## 3.3.2　学习目标

1. 知识目标

（1）几种典型夹紧机构的结构。

（2）几种典型夹紧机构的工作原理。

2. 能力目标

（1）了解几种典型夹紧机构的结构。

（2）熟悉几种典型夹紧机构的工作原理。

3. 素质目标

（1）培养学生团队协作、共同解决问题的能力。

（2）培养学生爱岗敬业的精神。

## 3.3.3　重点难点

1. 重点

几种典型夹紧机构的工作原理。

2. 难点

几种典型夹紧机构的结构。

## 3.3.4　相关知识

1. 概述

夹紧机构的种类虽然很多，但其结构大多以斜锲夹紧机构、螺旋夹紧机构和偏心夹紧机构为基础，这三类夹紧机构合称为基本夹紧机构。

2. 斜楔夹紧机构

图3-6所示为几种斜楔夹紧机构夹紧工件的实例。图3-6（a）所示为在工件上钻相互垂直的两个孔。工件装入后，锤击斜楔大头，夹紧工件，加工完成后，锤击斜楔小头，松开工件。由于用斜楔直接夹紧工件时夹紧力小且费时费力，所以在生产实践中单独应用的不多，一般情况下是将斜楔与其他机构联合使用。图3-6（b）所示为将斜楔与滑柱压板组合而成的机动夹紧机构。图3-6（c）所示为由端面斜楔与压板组合而成的手动夹紧机构。当利用斜楔手动夹紧工件时，应使斜楔具有自锁功能，即斜楔的斜面升角应小于斜楔与工件和

斜楔与夹具体之间的摩擦角之和,如图3-6(a)所示。

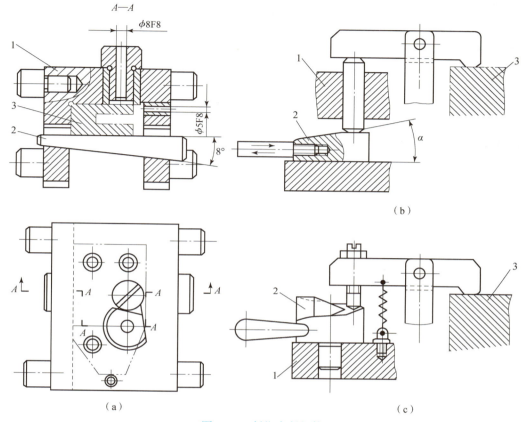

图3-6 斜楔夹紧机构

1—夹具体;2—斜楔;3—工件

### 3. 螺旋夹紧机构

由螺钉、螺母、垫圈、压板等元件组成的夹紧机构,称为螺旋夹紧机构。图3-7所示为应用这种机构夹紧工件的实例。

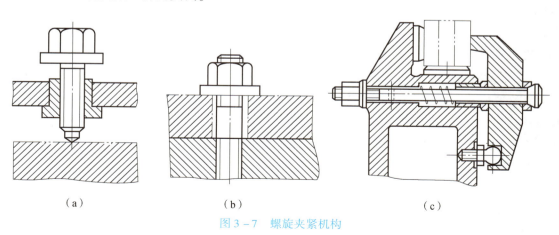

图3-7 螺旋夹紧机构

1）单个螺旋夹紧机构

图3-8（a）和图3-8（b）所示为直接用螺钉或螺母夹紧工件的机构，称为单个螺旋夹紧机构。在图3-8（a）中，螺钉头直接压在工件表面上，接触面小、压强大，螺钉转动时可能会损伤工件的已加工表面，或带动工件旋转。克服这一缺点的办法是在螺钉头部装上如图3-8所示的摆动压块。由于压块与工件间的接触面积大大增加，压强大大减小，故不会损伤工件表面，且由于压块与工件间的摩擦力矩大于压块与螺钉间的摩擦力矩，故压块不会随螺钉一起转动。如图3-8所示，A型的端面是光滑的，用于夹紧工件已加工表面；B型端面有齿纹，用于夹紧工件的毛坯面。

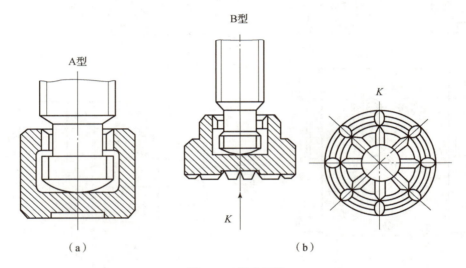

图3-8　摆动压块

图3-9所示为常见的几种提高螺旋夹紧机构工作效率的典型机构。如图3-9（a）所示使用了开口垫圈，且所用螺母的外径小于工件的内孔，当松夹时，螺母拧松几扣，抽出开口垫圈，工件即可从螺母上卸掉。如图3-9（b）所示结构采用了快卸螺母，松夹时，将螺母旋松后，让其向右摆动即可直接卸掉螺母，实现快速装夹的目的。如图3-9（c）所示结构，夹紧轴1上的直槽连着螺旋槽，先推动手柄2使摆动压块3迅速靠近工件，继而转动手柄2即可夹紧工件并自锁。

2）螺旋压板夹紧机构

在夹紧机构中，螺旋压板夹紧机构应用最为广泛，结构形式也多样化。图3-10所示为螺旋压板夹紧机构的四种典型结构。图3-10（a）和图3-10（b）所示为移动压板夹紧结构，图3-10（c）和图3-10（d）所示为转动压板夹紧结构。

3）螺旋钩形压板夹紧机构

图3-11所示为螺旋钩形压板夹紧机构，其特点是结构紧凑、使用方便。螺旋钩形压板夹紧机构的种类很多，使用时可参考有关设计手册。

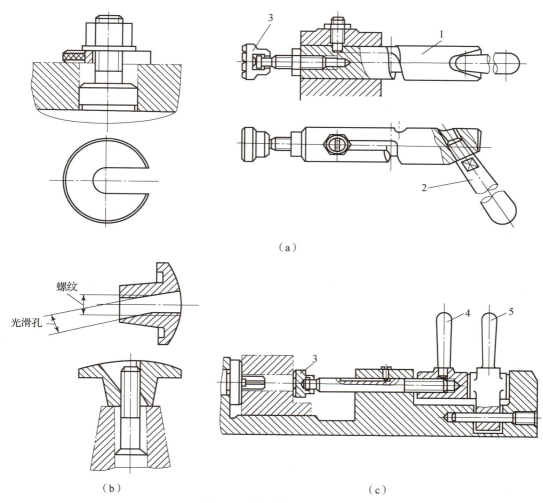

螺纹

光滑孔

（a）

（b）

（c）

图 3-9　快速螺旋夹紧机构

1—夹紧轴；2、4、5—手柄；3—摆动压块

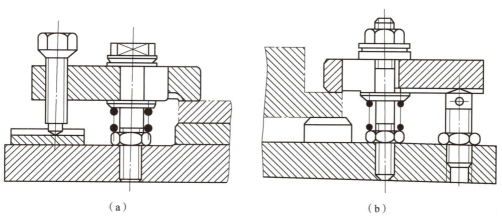

（a）

（b）

图 3-10　螺旋压板夹紧机构

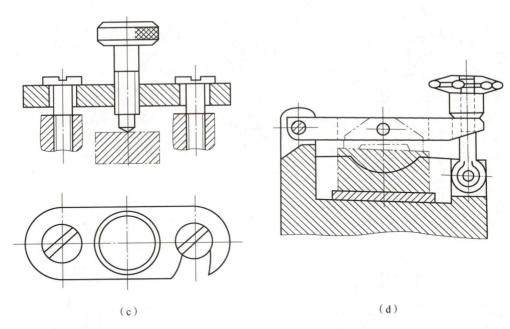

（c） （d）

图 3 - 10　螺旋压板夹紧机构（续）

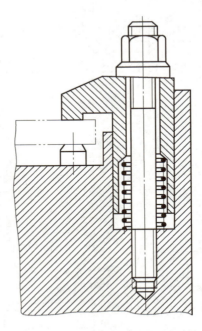

图 3 - 11　螺旋钩形压板

**4. 偏心夹紧机构**

用偏心件直接或间接夹紧工件的机构，称为偏心夹紧机构。常用的偏心件是偏心轮和偏心轴，图 3 - 12 所示为偏心夹紧机构的应用实例。如图 3 - 12（a）和图 3 - 12（b）所示结构用的是偏心轮，图 3 - 12（c）所示结构用的是偏心轴，图 3 - 12（d）所示结构用的是偏心叉。

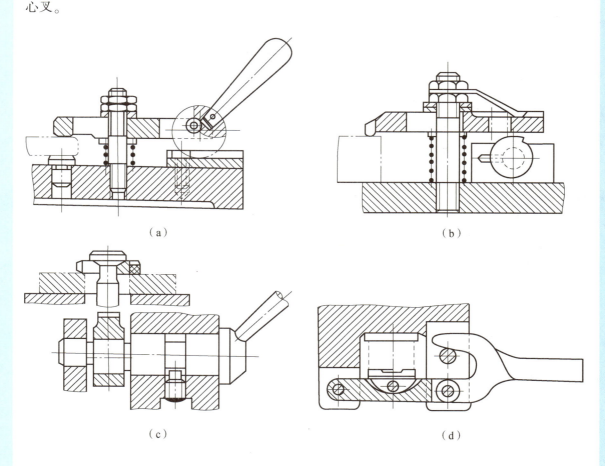

（a）　　　　　　　　　　　　　　　（b）

（c）　　　　　　　　　　　　　　　（d）

图 3 - 12　偏心夹紧机构

5. 联动夹紧机构

利用单一力源实现单件或多件的多点、多向同时夹紧的机构称为联动夹紧机构。联动夹紧机构可分为单件联动夹紧机构和多件联动夹紧机构。前者对一个工件实现多点夹紧，后者可同时夹紧几个工件。

1）单件联动夹紧机构

这类夹紧机构的夹紧力作用点有两点、三点或多至四点，夹紧力的方向可以相同、相反、相互垂直或交叉。图 3 - 13（a）表示两个夹紧力互相垂直，拧紧螺母即可在右侧面和顶面同时夹紧工件；图 3 - 13（b）表示两个夹紧力方向相同，拧紧右边螺母，通过拉杆带动平衡杠杆即能使两副压板同时均匀地夹紧工件。

2）多件联动夹紧机构

（1）平行式多件联动夹紧机构。如图 3 - 14 所示，在四个 V 形架上装四个工件，各夹紧力方向互相平行，若采用刚性压板［见图 3 - 14（a）］，则因一批工件定位直径实际尺寸不一致，使各工件所受的夹紧力不等，甚至夹不紧工件。如果采用如图 3 – 14（b）所示带有三个浮动压板的结构，即可同时夹紧工件，且各工件所受的夹紧力理论上相等。

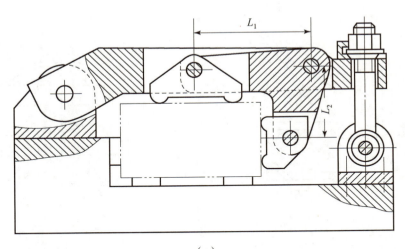

（a）

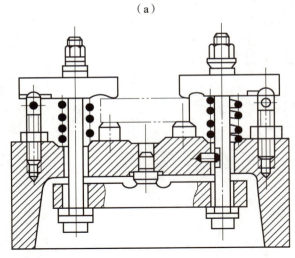

（b）

图 3 – 13　单件联动夹紧机构

（2）连续式多件联动夹紧机构。图 3 – 15 所示为同时铣削四个工件的夹具。工件以外圆柱面在 V 形架中定位，当压缩空气推动活塞 1 向下移动时，活塞杆 2 上的斜面推动滚轮 3 使推杆 4 向右移动，通过杠杆 5 使顶杆 6 顶紧 V 形架 7，并通过中间三个移动 V 形架 8 及固定 V 形块 9 连续夹紧四个工件。理论上每个工件所受的夹紧力等于总夹紧力。加工完毕后，活塞 1 做反方向移动，推杆 4 在弹簧的作用下退回原位，V 形架松开，即可装卸工件。

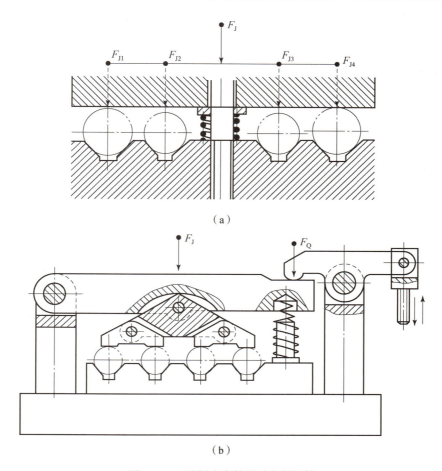

（a）

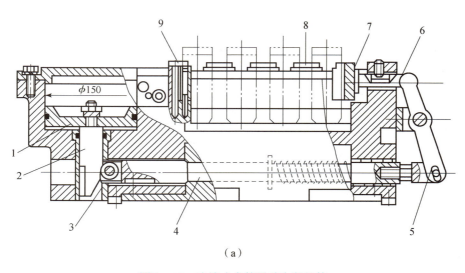

（b）

图 3 – 14 平行式多件联动夹紧机构

（a）

图 3 – 15 连续式多件联动夹紧机构

1—活塞；2—活塞杆；3—滚轮；4—推杆；5—杠杆；6—顶杆；7，8—V 形架；9—固定 V 形块

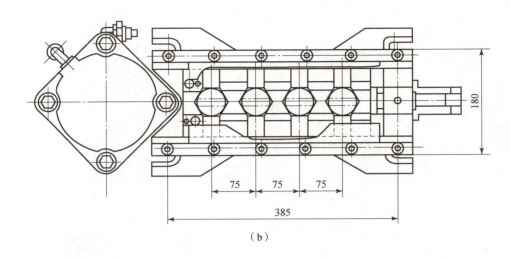

（b）

图 3 – 15　连续式多件联动夹紧机构（续）

**6．定心夹紧机构**

在机械加工中，常遇到许多具有对称轴线、对称平面或对称中心的工件，此时可采用定心夹紧机构。

1）机械传动式定心夹紧机构

图 3 – 16 所示为虎钳式定心夹紧机构，操作螺杆 1，使左、右旋螺纹带动左、右滑座上的 V 形架 2、3（工作元件）做对向等速移动，便可实现工件的定心夹紧；反之，便可松开工件。V 形架可按工作需要更换，其对中精度可借助于调节杆 4 实现。

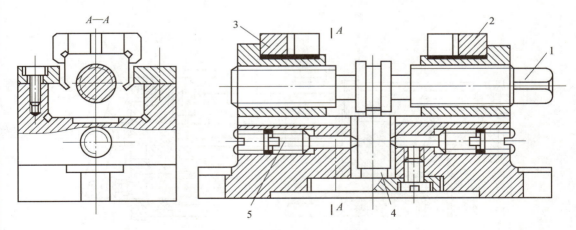

图 3 – 16　虎钳式定心夹紧机构

1—螺杆；2，3—V 形块；4—调节杆；5—调节螺钉

2）弹性变形式定心夹紧机构

（1）弹簧筒夹定心夹紧机构。图 3 – 17（a）所示为装夹工件以外圆柱面定位的弹簧夹

头；图 3 – 17（b）所示为装夹工件以内孔定位的弹簧心轴。这类机构的主要元件是弹性筒夹 2，它是在一个锥形套筒上开出 3～4 条轴向槽而形成的。在图 3 – 17（a）中，旋转螺母 4 时，在螺母端面的作用下，弹性筒夹 2 在锥套内向左移动，锥套 3 迫使弹性筒夹 2 收缩变形，从而使工件外圆定心并被夹紧；反向旋转螺母，即可卸下工件。在图 3 – 17（b）中，旋转螺母 4 时，由于锥套 3 和夹具体 1 上圆锥面的作用，迫使弹性筒夹 2 向外胀开，使工件圆孔定心并夹紧；反转螺母，即可松夹。

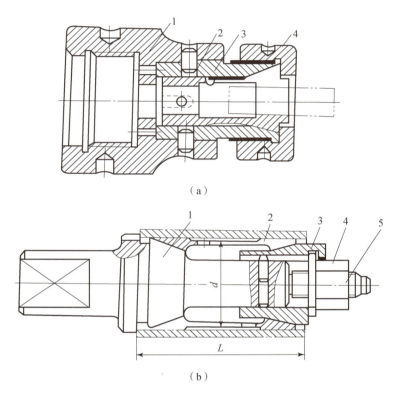

（a）

（b）

图 3 – 17　弹簧夹头和弹簧心轴

1—夹具体；2—弹性筒夹；3—锥套；4—螺母；5—心轴

（2）膜片卡盘式定心夹紧机构。图 3 – 18 所示为膜片卡盘，弹性元件为膜片 4，其上有 6 个或更多个卡爪，每个卡爪上均装有一个可调节螺钉，几个可调节螺钉的端面形成的圆的直径应略小（另一种是略大）于工件定位基准面的直径，一般约差 0.4 mm。装夹工件时，用推杆 8 将膜片向右推，使其凸起变形，其上的卡爪连同螺钉一起张开，工件在三个支承钉 7 上轴向定位后，推杆退回，膜片在其恢复弹性变形的趋势下，带动卡爪连同螺钉一起对工件定心并夹紧。通过调节可调节螺钉 5，可以适应不同尺寸工件的需要，也可将几个可调节螺钉端面形成的圆的直径调节得略大于工件定位基准面的直径，并将推杆 8 改为拉杆，拉杆向左拉动膜片使其凸起变形，其上的卡爪连同螺钉一起收缩，使工件定心并夹紧。拉杆退回，膜片在其恢复弹性变形的趋势下松开工件。

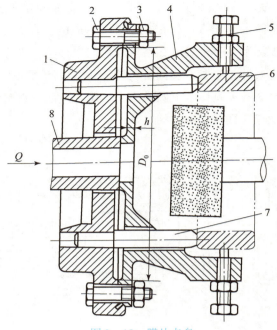

图 3 – 18　膜片卡盘

1—夹具体；2—螺钉；3—螺母；4—膜片；5—可调节螺钉；6—工件；7—支撑钉；8—推杆

### 3.3.5　任务实施

#### 1. 学生分组

| 班级 | | 组号 | | 授课教师 | |
|---|---|---|---|---|---|
| 组长 | | | 学号 | | |
| 组员 | | | | | |
| 姓名 | 学号 | 姓名 | 学号 | 姓名 | 学号 |
| | | | | | |
| | | | | | |
| | | | | | |
| | | | | | |
| | | | | | |
| | | | | | |
| | | | | | |
| | | | | | |
| | | | | | |

2. 任务工作单

| 组号 | | 姓名 | | 学号 | |
|---|---|---|---|---|---|

（1）总结几种典型夹紧机构各自的结构特点。

（2）简述几种典型夹紧机构的工作原理。

3. 合作研究

| 组号 | | 姓名 | | 学号 | |
|---|---|---|---|---|---|

（1）小组讨论，教师参与，确定任务工作单的最优答案。

（2）每组推荐一个小组长进行汇报，根据汇报情况，检讨不足。

4. 评价反馈

| 班级 | | 组名 | | 姓名 | |
|---|---|---|---|---|---|
| 学号 | | | 出勤情况 | | |

| 评价内容 | 评价要点 | 考查要点 | 分数 | 分数评定 |
|---|---|---|---|---|
| 查阅文献情况 | 任务实施过程中文献查阅 | （1）是否查阅信息资料 | 20 分 | |
| | | （2）正确运用信息资料 | | |
| 互动交流情况 | 组内交流，教学互动 | （1）积极参与交流 | 30 分 | |
| | | （2）主动接受教师指导 | | |
| 任务完成情况 | 规定时间内的完成度 | （1）在规定时间内完成任务 | 20 分 | |
| | 任务完成的正确度 | （2）任务完成的正确性 | 30 分 | |
| 合计 | | | 100 分 | |

# 模块四 专用夹具的设计方法

## 任务一 专用夹具的基本要求和设计步骤

### 4.1.1 任务描述

观察图4-1和图4-2，结合所学知识，分析对专用夹具的基本要求和夹具设计的步骤。

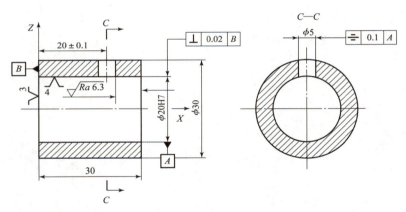

图4-1 钢套钻孔工序图

### 4.1.2 学习目标

1. 知识目标

（1）了解对专用夹具的基本要求。

（2）掌握专用夹具设计的步骤。

2. 能力目标

能够掌握专用夹具设计的步骤。

3. 素质目标

（1）培养学生团队协作、共同解决问题的能力。

（2）培养学生爱岗敬业的精神。

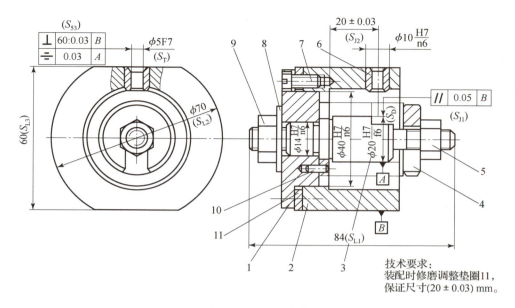

图 4 - 2　钢套钻模

1—盘；2—套；3—定位心轴；4—开口垫圈；5—夹紧螺母；6—固定钻套；

7—螺钉；8—垫圈；9—锁紧螺母；10—防转销；11—调整垫圈

### 4.1.3　重点、难点

1. 重点

专用夹具设计的步骤。

2. 难点

专用夹具设计的步骤。

### 4.1.4　相关知识

1. 夹具设计的基本要求

夹具设计时，通常应考虑以下主要要求：

（1）夹具应满足零件加工工序的精度要求，特别是对于精加工工序，应适当提高夹具的精度，以保证工件的尺寸公差和位置公差等。

（2）夹具应达到加工生产率的要求，特别是对于大批量生产中使用的夹具，应设法缩短加工的基本时间和辅助时间。

（3）夹具的操作要方便、安全，按不同的加工方法，可设置必要的防护装置、挡屑板以及各种安全器具。

（4）能保证夹具一定的使用寿命和较低的制造成本。夹具元件的材料选择将直接影响夹具的使用寿命。因此，定位元件以及主要元件宜采用力学性能较好的材料。夹具的低成本设计，目前在世界各国都已得到了重视，为此，夹具的复杂程度应与工件的生产批量相适应。在大批量生产中，宜采用如气动、液压等高效夹紧机构；而小批量生产中，则宜采用较简单的夹具结构。

（5）要适当提高夹具元件的通用化和标准化程度。选用标准化元件，特别应选用商品化的标准元件，以缩短夹具制造周期、降低夹具成本。

（6）具有良好的结构工艺性，以便于夹具的制造和维修。

2. 专用夹具的设计步骤

夹具的设计可以划分为以下六个阶段：设计的准备、方案设计、审核、总体设计、夹具零件设计和夹具的装配、调试和验证。

1）设计的准备

这一阶段的工作是收集原始资料、明确设计任务。

（1）分析产品零件图及装配图，分析零件的作用、形状、结构特点、材料和技术要求。

（2）分析零件的加工工艺规程、毛坯种类，特别是本工序半成品的形状、尺寸、加工余量、切削用量和所使用的定位基准。

（3）分析工艺装备设计任务书，研究任务书所提出要求的合理性、可行性和经济性，以便发现问题，及时与工艺人员进行磋商。

（4）了解所使用机床的规格、性能、精度以及与夹具连接部分结构的联系尺寸。

（5）了解所使用刀具、量具的规格。

（6）了解零件的生产纲领、投产批量以及生产组织等有关问题。

（7）收集有关设计资料，其中包括国家标准、部颁标准、企业标准等资料以及典型夹具资料，如国家机械行业标准《机床夹具零件及部件（JB/T 800 4.1—1999、JB/T 10128—1999）》。

（8）熟悉本厂工具车间的加工工艺。

图4-3所示为一种工艺装备设计任务书，其中规定了使用工序、使用机床、装夹件数、定位基面、工艺公差和加工部位等。任务书对工艺要求也作了具体说明，并用示意图表示工件的装夹部位和形式。

| 产品件号 | | 装夹件数 | |
|---|---|---|---|
| 工具号 | | 合用件号 | |
| 工具名称 | | 参考形式 | |
| 使用工序 | | 制造套数 | |
| 使用机床 | | 完工日期 | |
| 定位基面及工艺公差： | | 加工部位： | |
| 工艺要求及示意图： | | | |
| 工艺员 | 产品工艺员 | 工艺组长 | |
| 年 月 日 | 年 月 日 | 年 月 日 | 年 月 日 |

图4-3　工艺装备设计任务书

2）方案设计

这是夹具设计的重要阶段，在分析各种原始资料的基础上，应完成下列设计工作：

（1）确定夹具的类型。

（2）根据六点定位规则确定工件的定位方式，选择合适的定位元件。

（3）确定工件的夹紧方式，选择合适的夹紧装置。

（4）确定刀具的调整方案，选择合适的对刀元件或导向元件。

（5）确定夹具与机床的连接方式。

（6）确定其他元件和装置的结构形式，如分度装置和靠模装置等。

（7）确定夹具总体布局和夹具体的结构形式。

（8）绘制总体草图。

（9）进行工序精度分析，审核夹具的制造精度。

（10）对动力夹紧装置进行夹紧力验算。

3）审核

了解零件加工工序对夹具结构在使用上提出的特殊要求，并讨论需要解决的某些技术问题。

夹具总体草图的审核包括下列 12 项内容：

（1）夹具的标志是否完整。

（2）夹具的搬运是否方便。

（3）夹具与机床的连接是否牢固和精确。

（5）夹紧装置是否安全和可靠。

（6）工件的装卸是否方便。

（7）夹具与有关刀具、辅具、量具之间的协调关系是否良好。

（8）加工过程中切屑的排除是否良好。

（9）工人操作的安全性是否可靠。

（10）加工精度能否符合图样要求。

（11）生产率能否达到工艺要求。

（12）夹具是否具有良好的结构工艺性和经济性。

4）总体设计

夹具装配图应按国家标准绘制，绘制时还应注意以下事项：

（1）尽量选用 1∶1 的比例，以使所绘制的夹具具有良好的直观性。

（2）尽可能选择面对操作者的方向作为主视图。

（3）总图应把夹具的工作原理、结构和各种元件间的装配关系表达清楚。

（4）用双点画线绘制工件外形轮廓、定位基准面、夹紧表面和加工面。

（5）合理标注尺寸、公差和技术要求。

（6）合理选择材料。

5）夹具零件设计

对于夹具中的非标准零件，要分别绘制零件图。其中对于需要在装配时加工的部位，应特别予以注明，以免出错。图样审核与一般设计相同。常用夹具元件的材料及热处理可参见《夹具设计手册》。

6）夹具的装配、调试和验证

夹具的调试和验证可在工具车间完成，也可直接在加工车间完成。

### 2.1.5　任务实施

1. 学生分组

| 班级 | | 组号 | | 授课教师 | |
|---|---|---|---|---|---|
| 组长 | | | 学号 | | |
| 组员 | | | | | |
| 姓名 | 学号 | 姓名 | 学号 | 姓名 | 学号 |
| | | | | | |
| | | | | | |
| | | | | | |
| | | | | | |
| | | | | | |

2. 任务工作单

| 组号 | | 姓名 | | 学号 | |
|---|---|---|---|---|---|
| （1）专用夹具的精度高低会影响到工件的哪些精度要求？ | | | | | |
| | | | | | |
| （2）在进行专用夹具的方案设计时需要全面考虑哪些方面？ | | | | | |
| | | | | | |
| （3）绘制夹具装配图时应该遵循哪些原则？ | | | | | |
| | | | | | |

### 3. 合作研究

| 组号 | | 姓名 | | 学号 | |
| --- | --- | --- | --- | --- | --- |
| （1）小组讨论，教师参与，确定任务工作单的最优答案。 | | | | | |
| | | | | | |
| （2）每组推荐一个小组长进行汇报，根据汇报情况，检讨不足。 | | | | | |
| | | | | | |

### 4. 评价反馈

| 班级 | | | 组名 | | | 姓名 | |
| --- | --- | --- | --- | --- | --- | --- | --- |
| 学号 | | | | 出勤情况 | | | |
| 评价内容 | 评价要点 | | 考查要点 | | 分数 | | 分数评定 |
| 查阅文献情况 | 任务实施过程中文献查阅 | | （1）是否查阅信息资料 | | 20分 | | |
| | | | （2）正确运用信息资料 | | | | |
| 互动交流情况 | 组内交流，教学互动 | | （1）积极参与交流 | | 30分 | | |
| | | | （2）主动接受教师指导 | | | | |
| 任务完成情况 | 规定时间内的完成度 | | （1）在规定时间内完成任务 | | 20分 | | |
| | 任务完成的正确度 | | （2）任务完成的正确性 | | 30分 | | |
| 合计 | | | | | 100分 | | |

# 任务二　夹具体的设计

## 4.2.1　任务描述

结合图 4 – 1 和图 4 – 2，说明在夹具体的设计过程中，对夹具体结构工艺方面有哪些要求。

## 4.2.2　学习目标

1．知识目标

（1）了解对夹具体的基本要求。

（2）掌握夹具体毛坯的类型、特点及应用。

2．能力目标

能够根据使用场合正确选择夹具体的类型。

3．素质目标

（1）培养学生团队协作、共同解决问题的能力。

（2）培养学生爱岗敬业的精神。

## 4.2.3　重点难点

1．重点

夹具体类型的选用。

2．难点

夹具体类型的选用。

## 4.2.4　相关知识

1．夹具体的基本要求

夹具上通常设有定位装置、夹紧装置、导向元件，另外，按照加工的要求，一些夹具上还需设有分度装置、靠模装置、上下料装置、工件顶出机构、电动扳手、平衡块等，以上元件或装置都必须采用适当的连接元件将其与夹具体牢固可靠地连接起来，使它们组成一个结构稳定、有一定刚性并能实现工作任务要求的夹具。因此，夹具体的形状和尺寸主要取决于夹具上的定位元件、夹紧装置、导向元件等的布置以及夹具与机床的连接。

在夹具工作过程中，夹具体要承受工件重力、夹紧力、切削力和振动等的作用，因此，夹具体应具有足够的强度、刚度和稳定性，以保证工件的加工精度。夹具体在设计中应符合以下基本要求。

1）有足够的精度和尺寸稳定性

夹具体上的重要表面，如安装定位元件的表面、安装对刀或导向元件的表面以及夹具体的安装基面（与机床相连接的表面）等，应有足够的尺寸和形状精度，它们之间还要有足够的位置精度。

为保证夹具体在工作过程中尺寸的稳定性，铸造夹具体要进行时效处理，焊接和锻造夹具体要进行退火处理，目的是消除夹具体中的内应力，防止夹具体的变形。

2）有足够的强度和刚度

在加工过程中，夹具体要承受较大的切削力和夹紧力，为保证夹具体不产生影响加工精度的变形和振动，夹具体应有足够的强度和刚度。设计时要保证夹具体有一定的壁厚，铸造和焊接夹具体常设置加强肋，或在不影响工件装卸的情况下采用框架式夹具体，如图 4-4（c）所示。

3）有合理的结构工艺性

夹具体应便于制造、装配和检验。铸造夹具体上安装各种元件的表面应铸出 3～5 mm 高的凸面，以减小加工面积。铸造夹具体壁厚要均匀，转角处应有 $R3～R5$ mm 的圆角。夹具体的结构形式应便于工件的装卸，如图 4-4 所示。

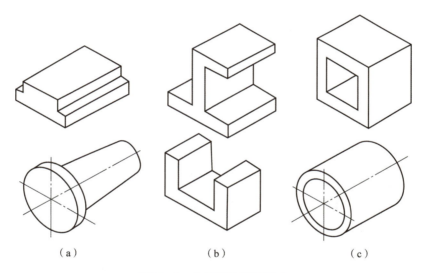

图 4-4 夹具体的结构形式
(a) 开式结构；(b) 半开式结构；(c) 框架式结构

通常需要机械加工的各表面要有良好的工艺性。图 4-5（a）所示为焊接件局部结构的正误对比，图 4-5（b）所示为局部加工工艺性正误对比，图 4-5（c）所示为铸造夹具体的正误对比。

4）有适当的容屑空间和良好的排屑性能

如果切削时产生切屑不多，则可通过增大夹具体上定位元件工作表面与夹具之间的距离或增设容屑沟槽来增加容屑空间，如图 4-6 所示；如果切削时产生大量切屑，可设置排屑缺口或斜面，如在夹具体上开设排屑槽、在夹具体下部设置排屑斜面（斜角可取 30°～50°），如图 4-7 所示。

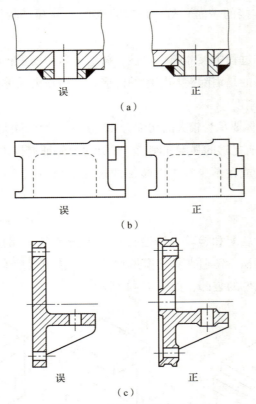

图4-5　夹具体的结构工艺性

（a）焊接件局部结构的正误对比；（b）局部加工工艺性的正误对比；（c）铸造夹具体的正误对比

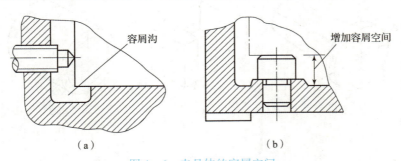

图4-6　夹具体的容屑空间

（a）开容屑沟槽；（b）增加容屑空间

5）在机床上安装要稳定可靠

夹具在机床上的安装是通过夹具体上的安装基面与机床上相应表面的接触或配合实现的。当夹具在机床工作台上安装时，夹具的重心应尽量低，若重心越高，则支承面应越大。夹具底面四边应凸出，使夹具体的安装基面与机床的工作台面接触良好。夹具体安装基面的形式如图4-8所示。图4-8（a）所示为周边接触，图4-8（b）所示为两端接触，图4-8（c）所示为四角接触。接触边或支脚的宽度应大于机床工作台梯形槽的宽度，并一次加工出来，且保证一定的平面精度；当夹具在机床主轴上安装时，夹具安装基面与主轴相应表面应有较高的配合精度，并保证夹具体安装稳定、可靠。

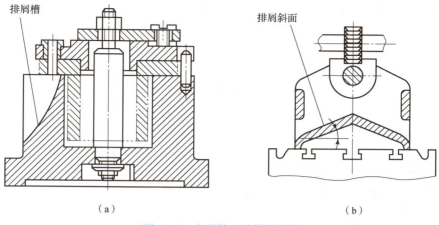

（a）　　　　　　　　　　　　　　　　　（b）

图4-7　夹具体上的排屑结构
（a）排屑槽；（b）排屑斜面

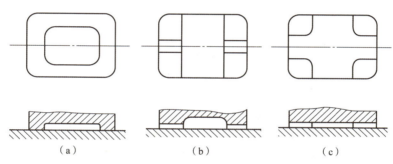

（a）　　　　　　　　（b）　　　　　　　　（c）

图4-8　夹具体安装基面的形式
（a）周边接触；（b）两端接触；（c）四脚接触

6）要注重夹具体的外观

夹具体外观应造型新颖、美观；钢质夹具体需对表面进行发蓝处理；铸件夹具体的未加工部位必须清理，并涂油漆，以防止使用过程中生锈而影响夹具的使用。

7）要打印夹具编号

在夹具的适当部位用钢印打出夹具编号，以便于工装的管理。

**2．夹具体毛坯的类型**

夹具体毛坯的类型：铸造夹具体［见图4-9（a）］、焊接夹具体［见图4-9（b）］、锻造夹具体［见图4-9（c）］、装配夹具体等，如图4-9所示。

1）铸造夹具体

如图4-9（a）所示，铸造夹具体的优点是工艺性好，可铸出各种复杂形状，具有较好的抗压强度、刚度和抗振性，但生产周期长，需进行时效处理，以消除内应力。

铸造夹具体常用的材料有灰铸铁（如HT200），对夹具体的强度要求较高时可用铸钢（如ZG270~500），对夹具体的质量要求较轻时可用铸铝（如ZL104）。目前铸造夹具体应用较多，图4-10所示为角铁式钻模夹具体，图4-11所示为角铁式车床夹具体，它们的特点是夹具体的基面和夹具体的装配面相垂直。由于车床夹具体为旋转型，故还设置了校正圆，以确定夹具旋转轴线的位置。设计铸造夹具体时需注意合理选择壁厚、肋、铸造圆角及凸台等。

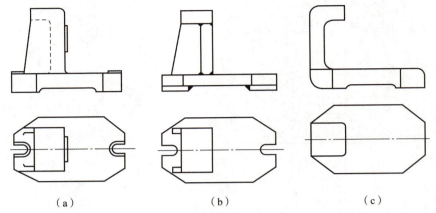

图 4 - 9　夹具体毛坯的类型

（a）铸造夹具体；（b）焊接夹具体；（c）锻造夹具体

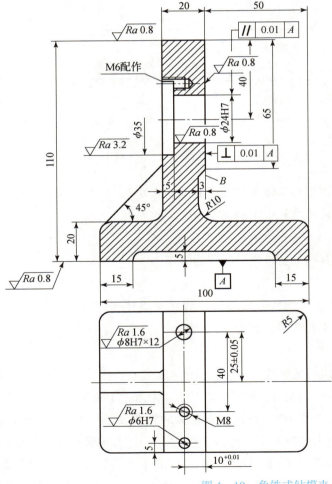

图 4 - 10　角铁式钻模夹具体

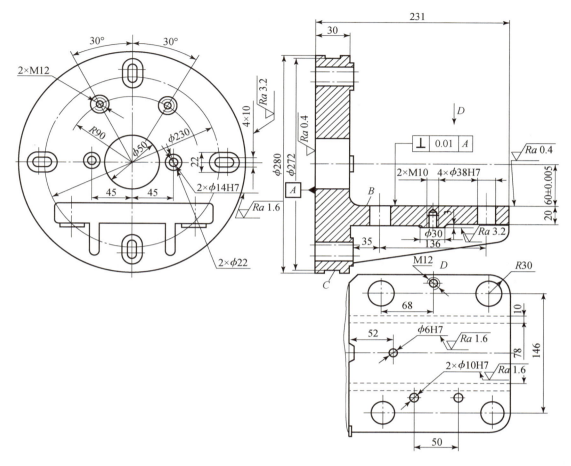

图 4-11 角铁式车床夹具体

A—夹具体基面；B—装配面；C—校正面

2）焊接夹具体

如图 4-9（b）所示，焊接夹具体由钢板、型材焊接而成，这种夹具体制造方便、生产周期短、成本低、质量轻（壁厚比铸造夹具体薄）。但焊接夹具体的热应力较大，容易产生变形，需通过退火处理，以保证夹具体尺寸的稳定。

3）锻造夹具体

如图 4-9（c）所示，锻造夹具体适用于形状简单、尺寸较小、要求强度和刚度大的场合。这类夹具体常用优质碳素结构钢 45 钢及合金结构钢 40Cr、38CrMoAlA 等经锻造后再通过调质、正火或回火处理制成。这类夹具体应用较少。

4）装配夹具体

如图 4-12 所示，装配夹具体由标准的毛坯件、零件及个别非标准件通过螺钉、销钉连接及组装而成。标准件可由专业厂家生产。该类夹具体具有制造成本低、周期短、精度稳定等特点，有利于夹具标准化、系列化生产，也便于夹具的计算机辅助设计。

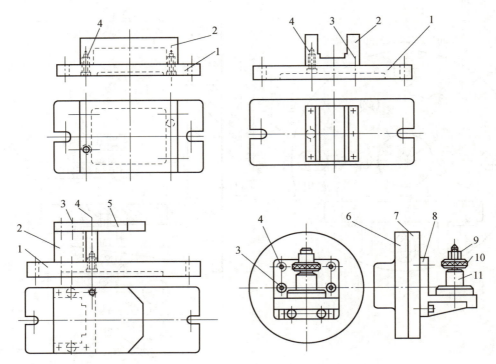

图 4 - 12　装配夹具体

1—底座；2—支承；3—销钉；4—螺钉；5—钻模板；6—过渡盘；

7—花盘；8—角铁；9—螺母；10—开口垫圈；11—定位心轴

## 4.2.5　任务实施

### 1. 学生分组

| 班级 | | 组号 | | 授课教师 | |
|---|---|---|---|---|---|
| 组长 | | | 学号 | | |
| 组员 | | | | | |
| 姓名 | 学号 | 姓名 | 学号 | 姓名 | 学号 |
| | | | | | |
| | | | | | |
| | | | | | |
| | | | | | |
| | | | | | |
| | | | | | |
| | | | | | |

2. 任务工作单

| 组号 | | 姓名 | | 学号 | |
|------|------|------|------|------|------|
| （1）说明夹具体的主要作用，并描述对夹具体结构工艺性的要求。 | | | | | |
| | | | | | |
| （2）结合图 4 – 10，说明夹具体零件图上所注主要尺寸、公差的要求。 | | | | | |
| | | | | | |

3. 合作研究

| 组号 | | 姓名 | | 学号 | |
|------|------|------|------|------|------|
| （1）小组讨论，教师参与，确定任务工作单的最优答案。 | | | | | |
| | | | | | |
| （2）每组推荐一个小组长进行汇报，根据汇报情况，检讨不足。 | | | | | |
| | | | | | |

4. 评价反馈

| 班级 | | 组名 | | 姓名 | |
|------|------|------|------|------|------|
| 学号 | | 出勤情况 | | | |
| 评价内容 | 评价要点 | 考查要点 | | 分数 | 分数评定 |
| 查阅文献情况 | 任务实施过程中文献查阅 | （1）是否查阅信息资料 | | 20 分 | |
| | | （2）正确运用信息资料 | | | |
| 互动交流情况 | 组内交流，教学互动 | （1）积极参与交流 | | 30 分 | |
| | | （2）主动接受教师指导 | | | |

续表

| 评价内容 | 评价要点 | 考查要点 | 分数 | 分数评定 |
|---|---|---|---|---|
| 任务完成情况 | 规定时间内的完成度 | （1）在规定时间内完成任务 | 20分 | |
| | 任务完成的正确度 | （2）任务完成的正确性 | 30分 | |
| 合计 | | | 100分 | |

## 任务三　夹具总图尺寸、公差与技术要求的标注

### 4.3.1　任务描述

观察图 4-13（a）~ 图 4-13（d），分析并理解在夹具总图上应标注的主要尺寸和公差项目。

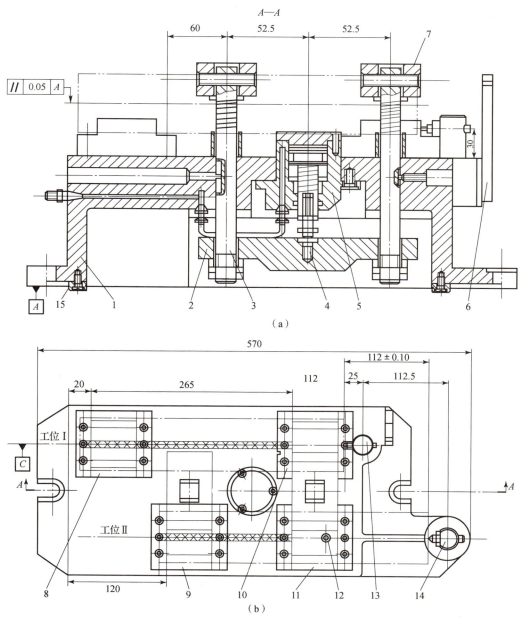

（a）

（b）

图 4-13　双件铣双槽夹具装配图
（a）A—A 剖视图；（b）主视图

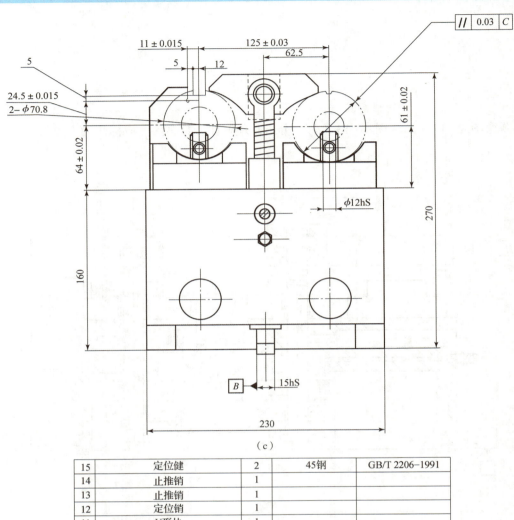

（c）

| 15 | 定位健 | 2 | 45钢 | GB/T 2206—1991 |
|---|---|---|---|---|
| 14 | 止推销 | 1 | | |
| 13 | 止推销 | 1 | | |
| 12 | 定位销 | 1 | | |
| 11 | V形块 | 1 | | |
| 10 | V形块 | 1 | | |
| 9 | V形块 | 1 | | |
| 8 | V形块 | 1 | | |
| 7 | 压板 | 1 | | |
| 6 | 对刀块 | 1 | 20钢 | GB/T 2242—1991 |
| 5 | 液压缸 | 1 | | |
| 4 | 支承钉 | 1 | | |
| 3 | 螺杆 | 2 | | |
| 2 | 浮动杠杆 | 1 | | |
| 1 | 夹具体 | 1 | HT200 | |
| 序号 | 名称 | 数量 | 材料 | 备注 |

| 设计 | | | | | |
|---|---|---|---|---|---|
| 校核 | | | | | |
| 审核 | | | 比例 | 1：1 | 双件铣双槽夹具 |
| 班级 | | 学号 | 共 1 张　第 1 张 | | 001 |

（d）

图4-13　双件铣双槽夹具装配图（续）

（c）左视图；（d）标题栏

84

观察图 4 – 13（a）~图 4 – 13（d），分析并理解在夹具总图上应标注的主要尺寸和公差项目。

### 4.3.2 学习目标

1. 知识目标

（1）掌握夹具总图上应标注的主要尺寸及标注方法。

（2）掌握夹具总图上应标注的主要公差项目及标注方法。

（3）了解夹具总图上应标注的技术要求的内容。

2. 能力目标

（1）能够正确标注夹具总图上的尺寸。

（2）能够正确标注夹具总图上的公差项目。

3. 素质目标

（1）培养学生团队协作、共同解决问题的能力。

（2）培养学生爱岗敬业的精神。

### 4.3.3 重点难点

1. 重点

夹具总图上主要尺寸和公差项目的正确标注。

2. 难点

夹具总图上主要尺寸和公差项目的正确标注。

### 4.3.4 相关知识

1. 夹具总图上应标注的尺寸和公差配合

通常应标注以下五种尺寸：

1）夹具外形的最大轮廓尺寸

这类尺寸按夹具结构尺寸的大小和机床参数设计，以表示夹具在机床上所占据的空间尺寸和可活动的范围。夹具上的可活动部件应用双点画线画出其最大活动范围，或标出活动部件的尺寸范围。如图 4 – 14 所示，夹具外形的最大轮廓尺寸为 84 mm、$\phi 70$ mm 和 60 mm。

2）工件与定位元件之间的联系尺寸和公差

这类尺寸和公差主要是指工件与定位元件或定位元件之间的尺寸、公差，如圆柱定位销工作部分的配合尺寸公差等，以便控制工件的定位误差（$\Delta_D$）。如图 4 – 14 所示，工件的定位基面与定位心轴工作部分之间的配合尺寸 $\phi 20 \dfrac{H7}{f6}$。

3）对刀或导向元件与定位元件之间的联系尺寸

这类尺寸主要是指对刀块的对刀面至定位元件之间的尺寸、塞尺的尺寸、钻套至定位元件间的尺寸、钻套导向孔尺寸和钻套的孔距尺寸等。这些尺寸影响对刀误差（$\Delta_T$）。如图 4 – 14 所示，钻套导向孔的尺寸 $\phi 5F7$。

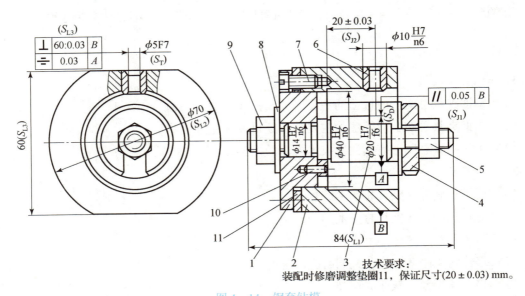

图 4 – 14　钢套钻模

1—盘；2—套；3—定位心轴；4—开口垫圈；5—夹紧螺母；6—固定钻套；
7—螺钉；8—垫圈；9—锁紧螺母；10—防转销；11—调整垫圈

4）与夹具位置有关的尺寸

这类尺寸用以确定夹具体的基面相对于定位元件的正确位置。如铣床夹具定向键与机床工作台 T 形槽的配合尺寸、角铁式车床夹具基面的圆柱孔尺寸、角铁式车床夹具中心至定位面间的尺寸等。这些尺寸对夹具位置误差（$\Delta_A$）会有不同程度的影响。

5）其他装配尺寸

如定位销与夹具体的配合尺寸和配合代号等，这类尺寸通常与加工精度无关或对其无直接影响，可按一般机械零件设计。如图 4 – 14 所示，定位心轴与夹具体之间的配合尺寸 $\phi 14 \frac{H7}{n6}$、盘 1 与套 2 之间的配合尺寸 $\phi 40 \frac{H7}{n6}$、钻套与盖板之间的配合尺寸 $\phi 10 \frac{H7}{n6}$。

2. 总图上应标注的位置公差

总图上应标注的位置公差通常有以下三种：

1）定位元件之间的位置公差

这类精度直接影响夹具的定位误差（$\Delta_D$）。如图 4 – 14 所示，定位心轴相对于安装基面 $B$ 的平行度 0.05 mm。

2）连接元件（含夹具体基面）与定位元件之间的位置公差

这类精度所造成的夹具位置误差（$\Delta_A$）也会影响夹具的加工精度。

3）对刀或导向元件的位置公差

通常这类精度是以定位元件为基准。如图 4 – 14 所示，钻套轴线与限位基面间的尺寸 20 mm ± 0.03 mm、钻套轴线相对于定位心轴的对称度 0.03 mm、钻套轴线相对于安装基面 $B$ 的垂直度 60：0.03。

3. 夹具总图上公差值的确定

夹具总图上标注公差值选取的原则：在满足工件加工要求的前提下，尽可能降低夹具的制造精度。

1）影响到工件加工精度的夹具公差 $\delta_J$

直接影响到工件的加工精度的夹具总图上的尺寸公差和位置公差可取为

$$\delta_J = (1/5 \sim 1/2)\delta_K$$

式中　$\delta_K$——与 $\delta_J$ 相对应的工件的尺寸公差或位置公差。

2）夹具上其他重要尺寸的公差值

夹具上其他重要尺寸会对工件的加工精度产生间接影响，在确定其公差值时可参照夹具手册或机械设计手册选取，减小其对工件加工精度的影响。

### 3.3.5　任务实施

1. 学生分组

| 班级 | | 组号 | | 授课教师 | |
|---|---|---|---|---|---|
| 组长 | | | 学号 | | |
| 组员 | | | | | |
| 姓名 | 学号 | 姓名 | 学号 | 姓名 | 学号 |
| | | | | | |
| | | | | | |
| | | | | | |
| | | | | | |
| | | | | | |

2. 任务工作单

| 组号 | | 姓名 | | 学号 | |
|---|---|---|---|---|---|
| （1）对照夹具总图图例，说明夹具总图上标注的主要尺寸及其作用。 | | | | | |
| | | | | | |
| （2）对照夹具总图图例，说明夹具总图上标注的公差项目及其作用。 | | | | | |
| | | | | | |

3. 合作研究

| 组号 | | 姓名 | | 学号 | |
|------|------|------|------|------|------|

（1）小组讨论，教师参与，确定任务工作单的最优答案。

（2）每组推荐一个小组长进行汇报，根据汇报情况，检讨不足。

4. 评价反馈

| 班级 | | 组名 | | 姓名 | |
|------|------|------|------|------|------|
| 学号 | | | 出勤情况 | | |
| 评价内容 | 评价要点 | 考查要点 | | 分数 | 分数评定 |
| 查阅文献情况 | 任务实施过程中文献查阅 | （1）是否查阅信息资料 | | 20分 | |
| | | （2）正确运用信息资料 | | | |
| 互动交流情况 | 组内交流，教学互动 | （1）积极参与交流 | | 30分 | |
| | | （2）主动接受教师指导 | | | |
| 任务完成情况 | 规定时间内的完成度 | （1）在规定时间内完成任务 | | 20分 | |
| | 任务完成的正确度 | （2）任务完成的正确性 | | 30分 | |
| 合计 | | | | 100分 | |

## 任务四 工件在夹具上加工的精度分析

### 4.4.1 任务描述

分析用夹具装夹工件进行机械加工时，对工件加工精度产生影响的因素有哪些？如何保证工件的加工精度？

### 4.4.2 学习目标

1. 知识目标

（1）了解影响工件加工精度的因素。

（2）掌握保证工件加工精度的条件。

2. 能力目标

（1）能够理解影响加工精度因素的内涵。

（2）能够利用保证加工精度的条件分析工件加工精度。

3. 素质目标

（1）培养学生团队协作、共同解决问题的能力。

（2）培养学生爱岗敬业的精神。

### 4.4.3 重点难点

1. 重点

（1）影响工件加工精度的因素。

（2）保证工件加工精度的条件。

2. 难点

保证工件加工精度的条件。

### 4.4.4 相关知识

1. 影响加工精度的因素

利用夹具装夹工件对其进行机械加工时，整个加工工艺系统中有许多因素都会影响到工件的加工精度，在所有的这些影响因素中，与夹具相关的因素有：定位误差 $\Delta_D$、对刀误差 $\Delta_T$、夹具在机床上的安装误差 $\Delta_A$、夹具误差 $\Delta_J$ 和加工方法误差 $\Delta_G$ 等。

（1）定位误差 $\Delta_D$：包括基准不重合误差和基准位移误差。

（2）对刀误差 $\Delta_T$：由于刀具相对于对刀或导向元件的位置不准确而造成的加工误差，称为对刀误差。

（3）夹具在机床上的安装误差 $\Delta_A$：由于夹具在机床上的安装不准确而造成的加工误差，

称为夹具安装误差。

（4）夹具误差 $\Delta_J$：由于夹具上定位元件、对刀或导向元件、分度装置及安装基准之间的位置不准确而造成的加工误差，称为夹具误差。夹具误差 $\Delta_J$ 主要包括定位元件相对于安装基准之间的尺寸或位置误差 $\Delta_{J_1}$；定位元件相对于对刀或导向元件（包含导向元件之间）的尺寸或位置误差 $\Delta_{J_2}$；导向元件相对于安装基准之间的尺寸或位置误差 $\Delta_{J_3}$；如果有分度装置，则还有分度误差 $\Delta_F$。夹具误差 $\Delta_J$ 就是由上述几项误差组成的。

（5）加工方法误差 $\Delta_G$：由于机床精度、刀具精度、刀具与机床的位置精度、工艺系统的受力变形和受热变形等因素造成的加工误差，统称为加工方法误差。

2. 保证加工精度的条件

以上所述各项误差之和就形成了工件在夹具中加工时的总加工误差。因为用夹具装夹工件进行加工时，各项误差均为随机变量，故应用概率法计算，得到保证工件加工精度的条件：

$$\sqrt[2]{\Delta_D^2 + \Delta_T^2 + \Delta_A^2 + \Delta_J^2 + \Delta_G^2} \leqslant \delta_K$$

式中　$\delta_K$——工件的工序尺寸公差，即工件的总加工误差应小于等于工件的工序尺寸公差 $\delta_K$。

### 3.3.5　任务实施

1. 学生分组

| 班级 | | 组号 | | 授课教师 | |
|---|---|---|---|---|---|
| 组长 | | | 学号 | | |
| 组员 | | | | | |
| 姓名 | 学号 | 姓名 | 学号 | 姓名 | 学号 |
| | | | | | |
| | | | | | |
| | | | | | |
| | | | | | |
| | | | | | |

2. 任务工作单

| 组号 | | 姓名 | | 学号 | |
|---|---|---|---|---|---|
| （1）分析影响工件加工精度的因素是由哪些原因造成的。 | | | | | |
| | | | | | |

（2）要保证工件加工精度，对于总加工误差来说应满足什么条件？

### 3．合作研究

| 组号 | | 姓名 | | 学号 | |
|---|---|---|---|---|---|

（1）小组讨论，教师参与，确定任务工作单的最优答案。

（2）每组推荐一个小组长进行汇报，根据汇报情况，检讨不足。

### 4．评价反馈

| 班级 | | 组名 | | 姓名 | |
|---|---|---|---|---|---|
| 学号 | | | 出勤情况 | | |
| 评价内容 | 评价要点 | 考查要点 | | 分数 | 分数评定 |
| 查阅文献情况 | 任务实施过程中文献查阅 | （1）是否查阅信息资料 | | 20分 | |
| | | （2）正确运用信息资料 | | | |
| 互动交流情况 | 组内交流，教学互动 | （1）积极参与交流 | | 30分 | |
| | | （2）主动接受教师指导 | | | |
| 任务完成情况 | 规定时间内的完成度 | （1）在规定时间内完成任务 | | 20分 | |
| | 任务完成的正确度 | （2）任务完成的正确性 | | 30分 | |
| 合计 | | | | 100分 | |

# 任务一　车床夹具典型机构

## 5.1.1　任务描述

图 5-1 所示为某坦克中的一个配件——隔套，采用 CA6140 车床加工，材料为 40Gr，已完成车内孔、端面工序，使用专用车床夹具完成外圆、台阶的车削工序。在设计专用车床夹具前，要求学生在老师的指导下掌握车床夹具的典型结构及车床夹具的设计要点。

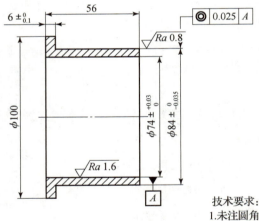

技术要求：
1. 未注圆角 $R1.5$ mm
2. 未注公差按 IT11 级。

图 5-1　隔套

## 5.1.2　学习目标

1. 知识目标

（1）能指出车床夹具各零件的作用。

（2）掌握车床夹具的设计要点。

2. 能力目标

（1）根据零件工序的加工要求，确定定位、夹紧方案。

（2）初步具备设计和使用专用车床夹具的能力。

3．素养目标

（1）培养具体问题具体分析的能力。

（2）培养独立思考及分析问题的能力。

### 5.1.3 重难点

1．重点

（1）车床夹具的类型与特点。

（2）车床夹具的结构和组成部分。

2．难点

车床专用夹具设计要点。

### 5.1.4 相关知识

1．车床夹具的类型与特点

1）安装在车床主轴上的夹具

这类夹具中，除了各种卡盘、花盘、顶尖等通用夹具或机床附件外，还可根据加工需要设计各种心轴或其他专用夹具，加工时夹具随同机床主轴一起旋转，刀具做进给运动。

2）安装在车床床鞍上的夹具

对于某些形状不规则和尺寸较大的工件，常常把夹具安装在车床床鞍上，刀具安装在车床主轴上做旋转运动，夹具做进给运动。

这里主要介绍应用最为广泛的安装于车床主轴上的夹具。

2．车床夹具典型结构

1）心轴类车床夹具

心轴类车床夹具多用于以内孔作为定位基准，加工外圆柱面的情况。常见的心轴有圆柱心轴、顶尖心轴、弹簧心轴和液性介质弹性心轴等。

（1）圆柱心轴。

①过盈配合圆柱心轴，如图 5 – 2 所示，各部分尺寸见表 5 – 1。

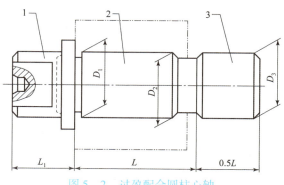

图 5 – 2　过盈配合圆柱心轴

1—传动部分；2—定位部分；3—导向部分

表 5 - 1　过盈配合圆柱心轴各部分尺寸

| 尺寸 | $D_1$ | $D_2$ | $D_3$ |
|---|---|---|---|
| 工件孔长度/工件孔直径 <1 | 按 H7/r6 制造 | | 按 H7/e8 制造 |
| 工件孔长度/工件孔直径 >1 | 按 H7/r6 制造 | 按 H7/h6 制造 | |

②间隙配合圆柱心轴，当工件长径比小于 1 时，应使用带螺母压紧的圆柱心轴，如图 5 - 3 所示。一般情况下工件孔与心轴采用 H7/h6 配合，同轴度误差不超过 0.02～0.03 mm。

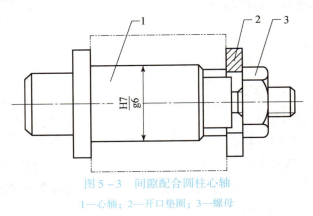

图 5 - 3　间隙配合圆柱心轴
1—心轴；2—开口垫圈；3—螺母

③小锥度心轴。

当工件长径比大于 1 时，可采用带有小锥度（1/5 000～1/1 000）的心轴，如图 5 - 4 所示。工件孔与心轴配合时，靠接触面产生弹性变形来夹紧工件，故切削力不能太大，以防工件在心轴上滑动而影响正常切削。小锥度心轴定心精度较高，可达 0.005～0.01 mm，多用于磨削或精车，但没有确定的轴向定位。

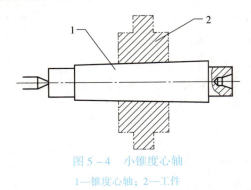

图 5 - 4　小锥度心轴
1—锥度心轴；2—工件

（3）顶尖心轴。

图 5 - 5 所示为顶尖式心轴，工件以孔口 60°角定位车削外圆表面。当旋转螺母 6 时，活动顶尖套 4 左移，从而使工件定心夹紧。顶尖式心轴的结构简单、夹紧可靠、操作方便，适用于加工内、外圆无同轴度要求，或只需加工外圆的套筒类零件，其被加工工件的内径 $d$ 一般为 32～110 mm，长度 $L_s$ 为 120～780 mm。

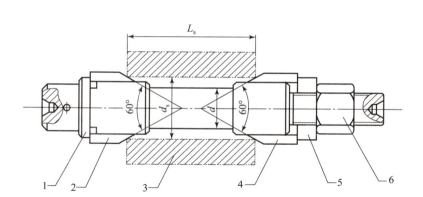

图 5 - 5  顶尖心轴

1—心轴；2—固定顶尖套；3—工件；4—活动顶尖套；5—垫圈；6—螺母

（4）弹簧心轴。

图 5 - 6 所示为手动弹簧心轴，工件以精加工过的内孔在弹性筒夹 5 和心轴端面上定位。旋紧螺母 4，通过锥体 1 和锥套 3 使弹性筒夹 5 向外变形，将工件胀紧。这种夹紧机构称为均匀变形定心夹紧机构。由于弹性变形量较小，要求工件定位孔的精度高于 IT8，所以定心精度一般可达 0.02 ~ 0.05 mm。

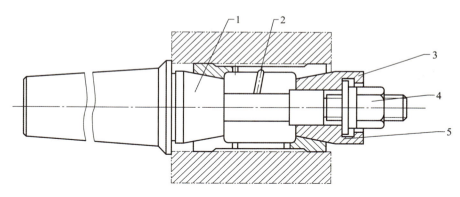

图 5 - 6  手动弹簧心轴

1—锥体；2—防转销；3—锥套；4—螺母；5—弹性筒夹

5）液性介质弹性心轴

图 5 - 7 所示为液性介质弹性心轴，弹性元件为薄壁套 5，它的两端与夹具体 1 为过渡配合，两者间的环形槽与通道内灌满液性塑料或黄油、全损耗系统用油。拧紧加压螺钉 2，使柱塞 3 对密封腔内的介质施加压力，迫使薄壁套产生均匀的径向变形，将工件定心并夹紧。当反向拧动加压螺钉 2 时，腔内压力减小，薄壁套依靠自身弹性恢复原始状态而使工件松开。在安装夹具时，定位薄壁套 5 相对机床主轴跳动，其跳动量靠三个调整螺钉 11 及三个调整螺钉 12 来保证。

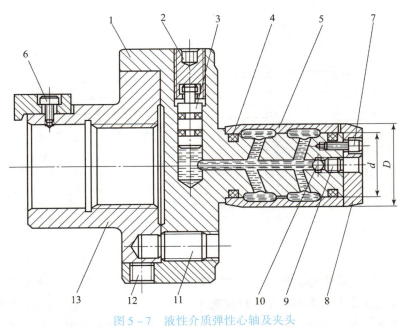

图 5－7　液性介质弹性心轴及夹头

1—夹具体；2—加压螺钉；3—柱塞；4—密封圈；5—薄壁套；6—止动螺钉；
7—螺钉；8—端盖；9—螺塞；10—钢球；11，12—调整螺钉；13——过渡盘

液性介质弹性心轴及夹头的定心精度一般为 0.01 mm，最高可达 0.005 mm。由于薄壁套的弹性变形不能过大，一般径向变形量 $\varepsilon = (0.002 \sim 0.005) D$，因此，它只适用于定位孔精度较高的精车、磨削和齿轮加工等精加工工序。薄壁套的结构尺寸和材料、热处理等，可从夹具手册中查到。

2）卡盘类车床夹具

卡盘式车床夹具一般用一个以上的卡爪来夹紧工件，多采用定心夹紧机构，常用于以外圆（或内圆）及端面定位的回转体的加工。具有定心夹紧机构的卡盘结构是对称的。图 5－8 所示为斜楔—滑块式定心夹紧三爪卡盘，用途：加工以外圆（内孔）定位的回转体表面；结构特征：卡爪夹紧，多采用定心夹紧机构；要点：通过夹具使加工面的轴线与机床主轴旋转中心重合。

3）角铁式车夹具

图 5－9 所示为角铁式车床夹具。工件以一面、两孔为定位基准在夹具倾斜的定位支承板和一个圆柱销及一个菱形销上定位，用两个钩形压板夹紧。被加工表面是孔和端面，为了便于在加工过程中检验所加工端面的尺寸和被加工孔与定位基准面的角度，靠近加工面处设计有测量基准面及工艺孔。夹具体 4 上的基准圆 A 是找正圆。

3. 车床夹具的设计要点

车床夹具的主要类型是夹具与机床主轴连接，工作时由机床主轴带动其高速回转。因此在设计车床夹具时除了保证工件达到工序的精度要求外，还应考虑以下几方面：

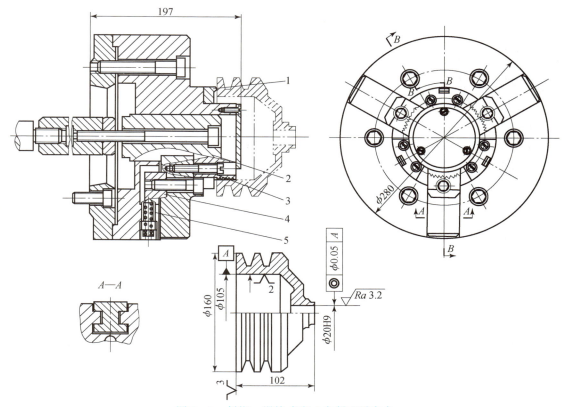

图5-8 斜楔—滑块式定心夹紧三爪卡盘

1—定位套；2—斜楔；3—滑块卡爪；4—压块；5—弹簧销

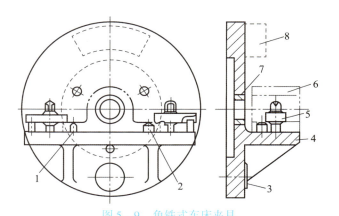

图5-9 角铁式车床夹具

1—销边定位销；2—圆柱定位销；3—轴向定程基面；4—夹具体；
5—压板；6—工件；7—导向套；8—平衡配重

1）定位元件的设置

设置定位元件时应考虑使工件加工表面的轴线与主轴轴线重合，对于回转体或对称零件，一般采用心轴或定心夹紧式夹具，以保证工件的定位基面、加工表面和主轴三者的轴线重合；对于壳体、支架、托架等形状复杂的工件，由于被加工表面与工序基准之间有尺寸和相互位置要求，所以各定位元件的限位表面应与机床主轴旋转中心具有正确的尺寸和位置关系。

为了获得定位元件相对于机床主轴轴线的准确位置，有时采用"临床加工"的方法，如采用不淬火三爪自定心卡盘的卡爪装夹工件前，应先对卡爪"临床加工"，以提高装夹精度。

2）夹紧装置的设置

车床夹具的夹紧装置必须安全、可靠，夹紧力必须克服切削力、离心力等外力的作用，且自锁可靠。对高速切削的车、磨夹具，应进行夹紧力克服切削力和离心力的验算；若采用螺旋夹紧机构，则一般要加弹簧垫圈或使用锁紧螺母。

3）夹具的平衡

车床夹具除了应控制悬伸长度外，结构上还应基本平衡。角铁式车床夹具的定位元件及其他元件总是布置在主轴轴线一边，不平衡现象最严重，所以在确定其结构时，特别要注意对它进行平衡。

夹具平衡的方法有两种：设置平衡块或加工减重孔。

4）夹具的结构要求

（1）结构要紧凑，悬伸长度要短。车床夹具的悬伸长度过大，会加剧主轴轴承的磨损，同时引起振动，影响加工质量。因此，夹具的悬伸长度 $L$ 与轮廓直径 $D$ 之比应控制如下：

①直径小于 150 mm 的夹具，$L/D \leqslant 2.5$。

②直径为 150～300 mm 的夹具，$L/D \leqslant 0.9$。

③直径大于 300 mm 的夹具，$L/D \leqslant 0.6$。

（2）车床夹具的夹具体应制成圆形，夹具上（包括工件在内）的各元件不应伸出夹具体的轮廓之外，当夹具上有不规则的凸出部分，或有切削液飞溅及切屑缠绕时，应加设防护罩。

（3）夹具的结构应便于工件在夹具上安装和测量，切屑能顺利排出或清理。

## 5.1.5 任务实施

### 1. 学生分组

| 班级 | | 组号 | | 授课教师 | |
|---|---|---|---|---|---|
| 组长 | | | 学号 | | |
| 组员 | | | | | |
| 姓名 | 学号 | 姓名 | 学号 | 姓名 | 学号 |
| | | | | | |
| | | | | | |
| | | | | | |
| | | | | | |
| | | | | | |

2. 任务工作单

| 组号 | | 姓名 | | 学号 | |
|---|---|---|---|---|---|

（1）车床通用夹具有哪些？



（2）简述车床夹具的特点。



（3）车床夹具设计的要求是什么？



3. 合作研究

| 组号 | | 姓名 | | 学号 | |
|---|---|---|---|---|---|

（1）小组讨论，教师参与，确定任务工作单的最优答案。



（2）每组推荐一个小组长进行汇报，根据汇报情况，检讨不足。

4. 评价反馈

| 班级 | | | 组名 | | 姓名 | |
|---|---|---|---|---|---|---|
| 学号 | | | | 出勤情况 | | |
| 评价内容 | 评价要点 | 考查要点 | | 分数 | | 分数评定 |
| 查阅文献情况 | 任务实施过程中文献查阅 | （1）是否查阅信息资料 | | 20 分 | | |
| | | （2）正确运用信息资料 | | | | |
| 互动交流情况 | 组内交流，教学互动 | （1）积极参与交流 | | 30 分 | | |
| | | （2）主动接受教师指导 | | | | |
| 任务完成情况 | 规定时间内的完成度 | （1）在规定时间内完成任务 | | 20 分 | | |
| | 任务完成的正确度 | （2）任务完成的正确性 | | 30 分 | | |
| 合计 | | | | 100 分 | | |

# 任务二　车床夹具设计案例

## 5.2.1　任务情况描述

如图 5 – 10 所示零件图，材料为 45 钢，中批量生产，已完成隔套的右端面与内孔 $\phi74^{+0.03}_{0}$ mm 的车削工序，现需完成车削隔套外圆及右端面的工序，工序图如图 5 – 11 所示，工件机械加工采用 CA6140 车床加工，现制定车削专用夹具方案，具体要求如下：

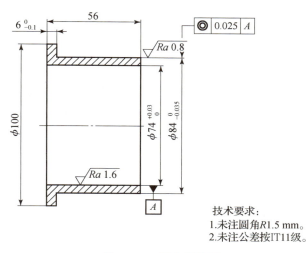

技术要求：
1. 未注圆角 R1.5 mm。
2. 未注公差按 IT11 级。

图 5 – 10　隔套零件图　　　　　　　　　　　图 5 – 11　隔套加工工序图

（1）进行工序分析。

（2）设计定位方案。

（3）设计夹紧方案。

（4）设计夹具与车床连接装置。

（5）分析夹具精度。

（6）绘制车床夹具的装配图与零件图。

## 5.2.2　学习目标

### 1. 知识目标

（1）能分析车床夹具位置误差的产生原因。

（2）能计算车床夹具的位置误差。

（3）能计算工件在车床上的加工误差。

### 2. 能力目标

（1）能分析定位形式及定位元件所限定工件的自由度。

（2）能分析夹紧机构选择的合理性。

（3）能分析夹具与车床连接方案及尺寸标注的合理性。

3．素质目标

（1）培养学生团队协作、共同解决问题的能力。

（2）培养学生爱岗敬业的精神。

### 5.2.3 重难点

1．重点

定位形式及定位元件所限定工件的自由度。

2．难点

定位误差、夹具精度分析。

### 5.2.4 设计资料收集

收集《机械设计手册》《机床夹具设计手册》《金属切削加工工艺手册》等资料；本工序使用 CA6140 车床，主轴端部参数查阅《机床夹具设计手册》；本工序使用刀具为 90°的机夹式外圆车刀，刀片材料为 YT30，其刃部参数可查相关手册；设计参考机械行业《机床夹具零件及部件》等。

### 5.2.5 设计过程

1．工序分析

（1）该零件为套类件，材料为 45 钢，结构简单，工艺性能较好，如图 5 - 12 所示。

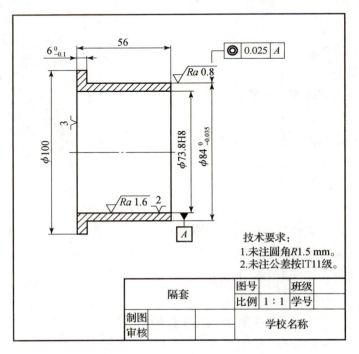

图 5 - 12　零件图

（2）零件外形尺寸大小适中，本工序为半精车外圆，切削力较小，夹紧力要求不高。

（3）零件本道工序前期各表面已完成加工，加工精度要求较高，在设计夹具时，其精度和复杂程度以满足加工精度要求、降低制作成本为出发点。

（4）该零件设定为中批量生产。

2. 设计定位方案

1）定位基准和加工要求分析

本工序车削隔套外圆及右端面，定位基准为左端面、$\phi73.8$ H8 内孔，如图 5 – 13 所示，左端面定位限制 1 个自由度，内孔定位限制 4 个自由度，遵循基准重合原则。本工序加工要求：形状要求为 84.3 $_{-0.054}^{0}$ mm，位置要求为同轴度 $\phi0.04$ mm 和尺寸 6.2 $_{-0.1}^{0}$ mm。

2）限制自由度分析

如图 5 – 13 所示，具体限制自由度如下：

（1）形状尺寸 $\phi84.3_{-0.054}^{0}$ mm 与限制自由度无关。

（2）保证同轴度 $\phi0.04$ mm，需要限制 $\vec{Y}$、$\vec{Z}$、$\hat{Y}$、$\hat{Z}$。

（3）保证位置尺寸 6.2 $_{-0.1}^{0}$ mm，需要限制 $\vec{X}$、$\hat{Y}$、$\hat{Z}$。

综合结果应限制：$\vec{X}$、$\vec{Y}$、$\vec{Z}$、$\hat{Y}$、$\hat{Z}$，才能保证加工需求。

3）定位元件设计

根据工序的要求，结合零件的机构，采用定心夹紧机构，选用带轴肩的长弹性心轴与工件内孔及端面接触定位，可以限制 $\vec{X}$、$\vec{Y}$、$\vec{Z}$、$\hat{Y}$、$\hat{Z}$ 五个自由度，定位基准内孔的尺寸为 $\phi73.8$H8，选与弹性心轴的配合为 $\phi73.8$H8/g7，零件的轴向尺寸为 56 mm，取弹性心轴轴向尺寸为 50 mm。定位元件设计尺寸如图 5 – 14 所示。

4）定位误差 $\Delta d_w$ 分析

形状尺寸 $\phi84.3_{-0.054}^{0}$ mm，由调整好的机床与刀具的相对位置保证。

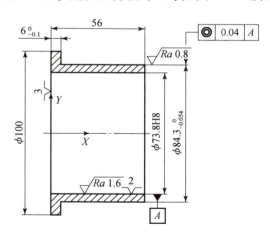

图 5 – 13　定位基准图

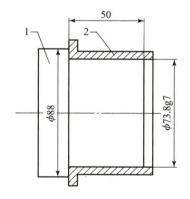

图 5 – 14　定位元件设计尺寸
1—定位元件；2—工件

对于同轴度 $\phi 0.04$ mm：工序基准和定位基准重合 $\Delta_{jb_2}=0$，由于采用弹性定心夹紧机构 $\Delta_{db_2}=0$，所以 $\Delta_{dw_2}=0$，定位误差为 0，满足该尺寸加工要求。

对于 $6.2_{-0.1}^{0}$ mm：工序基准和定位基准都是零件左端面基准重合 $\Delta_{jb_1}=0$，平面定位不存在基准位移误差 $\Delta_{db_1}=0$，所以 $\Delta_{dw_1}=0$，定位误差为 0，满足该尺寸加工要求。

结论：定位方案满足加工要求。

3. 设计夹紧方案

采用弹性心轴夹紧机构，如图 5-15 所示，在对工件定位的同时，也对工件实施了夹紧，考虑工件尺寸适中，半精加工时切削力较小，故弹性夹紧足以满足使用要求。

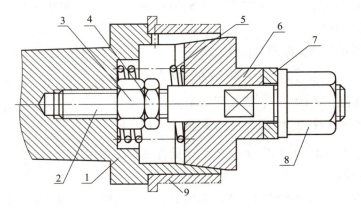

图 5-15 弹性定心夹紧机构

1—弹性筒夹；2—螺杆；3，4—锁紧螺钉；5—弹簧；6—压片；7—垫圈；8—夹紧螺母；9—工件

4. 设计连接装置

本工序选用的设备为 CA6140，因为是半精加工，切削力不大，夹具与车床之间采用莫氏锥度连接，螺纹拉紧，如图 5-16 所示。考虑夹具的位置精度，取弹性心轴中心线与莫氏 6 号锥柄轴线的同轴度为工件工序同轴度要求的 1/5，即 $\phi 0.04 \times 1/5 = 0.008$（mm）；取弹性心轴轴肩端面与莫氏 6 号锥柄轴线的垂直度为位置尺寸公差的 1/5，即 $0.1 \times 1/5 = 0.02$（mm）。

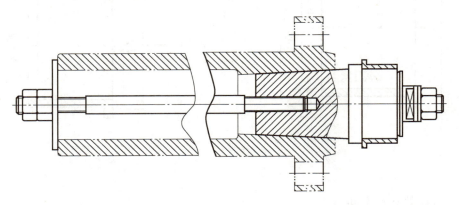

图 5-16 连接装置

5. 分析夹具精度

1）分析夹具位置精度误差 $\Delta_{jw}$

对于同轴度 $\phi 0.04$ mm：$\Delta_{jw_1} = 0.008$ mm。

对于 $6.2_{-0.1}^{\ 0}$ mm：$\Delta_{jw_1} = 0.02$ mm。

2）分析夹具精度

对于车床夹具来讲，没有对刀误差，即 $\Delta_{jd} = 0$。

对于同轴度 $\phi 0.04$ mm：

$$\sqrt{\Delta_{dw1}^2 + \Delta_{jw1}^2 + \Delta_1^2} = \sqrt{0^2 + 0.008^2 + 0^2} = 0.008 \ (\text{mm}) \leqslant \frac{2 \times 0.04}{3} \text{mm} \approx 0.027 \ \text{mm}$$

满足该项加工要求。

对于 $6.2_{-0.1}^{\ 0}$ mm：$\Delta_{jw_1} = 0.02$ mm，即

$$\sqrt{\Delta_{dw2}^2 + \Delta_{jw2}^2 + \Delta_{jd2}^2} = \sqrt{0^2 + 0.02^2 + 0^2} = 0.02 \ (\text{mm}) \leqslant \frac{2 \times 0.1}{3} \text{mm} \approx 0.067 \ \text{mm}$$

满足该项加工要求。

结论：设计的夹具能满足加工精度要求，该方案可行。

6. 绘制夹具总图

1）绘制夹具装配图

根据车床夹具总体机构设计要求，结合前面车床夹具各部分机构及尺寸，绘制夹具装配图，如图 5 - 17 所示。

2）尺寸、技术条件标注要求

（1）尺寸。

最大外形轮廓尺寸（A 类尺寸）：$\phi 84$、300。

工件与定位元件的联系尺寸（B 类尺寸）：$\phi 74 \dfrac{\text{H8}}{\text{g7}}$。

夹具与机床的联系尺寸（D 类尺寸）：莫氏 6 号锥柄。

其他装配尺寸（E 类尺寸）：$\phi 24 \dfrac{\text{F8}}{\text{g7}}$。

（2）技术要求。

定位端面与锥柄轴线的垂直度为 0.02 mm。

定位外圆轴线与锥柄轴线的同轴度。

尺寸、技术要求标注如图 5 - 17 所示。

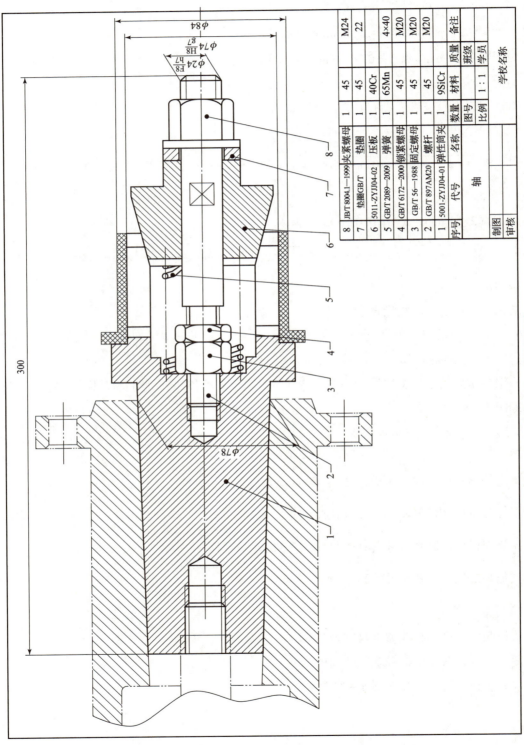

| 序号 | 代号 | 名称 | 数量 | 材料 | 备注 |
|---|---|---|---|---|---|
| 8 | JB/T 8004.1—1999 | 夹紧螺母 | 1 | 45 | M24 |
| 7 | 垫圈GB/T | 垫圈 | 1 | 45 | 22 |
| 6 | 5011-ZYJJ04-02 | 压板 | 1 | 40Cr | |
| 5 | GB/T 2089—2009 | 弹簧 | 1 | 65Mn | 4×40 |
| 4 | GB/T 6172—2000 | 锁紧螺母 | 1 | 45 | M20 |
| 3 | GB/T 56—1988 | 固定螺母 | 1 | 45 | M20 |
| 2 | GB/T 897AM20 | 螺杆 | 1 | 45 | M20 |
| 1 | 5001-ZYJJ04-01 | 弹性筒夹 | 1 | 9SiCr | |
| | | 轴 | | | |
| 制图 | | | | 图号 | |
| 审核 | | | 比例 | 1:1 | |
| | | | | 学校名称 | |
| | | 质量 | | 班级 | |
| | | | | 学员 | |

图 5 - 17　夹具装配图

### 5.2.6　任务实施

#### 1. 学生分组

| 班级 | | 组号 | | 授课教师 | |
|---|---|---|---|---|---|
| 组长 | | | 学号 | | |
| 组员 | | | | | |
| 姓名 | 学号 | 姓名 | 学号 | 姓名 | 学号 |
| | | | | | |
| | | | | | |
| | | | | | |
| | | | | | |
| | | | | | |

#### 2. 任务工作单

| 组号 | | 姓名 | | 学号 | |
|---|---|---|---|---|---|
| （1）如何确定定位方案？ | | | | | |
| | | | | | |
| （2）长心轴定位限制几个自由度？ | | | | | |
| | | | | | |
| （3）车床专用夹具具有哪些特点？ | | | | | |
| | | | | | |

### 3. 合作研究

| 组号 | | 姓名 | | 学号 | |
|---|---|---|---|---|---|
| （1）小组讨论，教师参与，确定任务工作单的最优答案。 | | | | | |
| | | | | | |
| （2）每组推荐一个小组长进行汇报，根据汇报情况，检讨不足。 | | | | | |
| | | | | | |

### 4. 评价反馈

| 班级 | | | 组名 | | 姓名 | |
|---|---|---|---|---|---|---|
| 学号 | | | | 出勤情况 | | |
| 评价内容 | 评价要点 | | 考查要点 | | 分数 | 分数评定 |
| 查阅文献情况 | 任务实施过程中文献查阅 | | （1）是否查阅信息资料 | | 20分 | |
| | | | （2）正确运用信息资料 | | | |
| 互动交流情况 | 组内交流，教学互动 | | （1）积极参与交流 | | 30分 | |
| | | | （2）主动接受教师指导 | | | |
| 任务完成情况 | 规定时间内的完成度 | | （1）在规定时间内完成任务 | | 20分 | |
| | 任务完成的正确度 | | （2）任务完成的正确性 | | 30分 | |
| 合计 | | | | | 100分 | |

# 模块六 铣床夹具设计

## 任务一 铣床夹具典型机构

### 6.1.1 任务描述

如图 6-1 所示零件图，材料为 40Cr，中批量生产，毛坯为棒料 $\phi90$ mm × 85 mm，已完成外圆、端面加工，现需完成铣上平面工序，采用 CY – KX850LD 数控铣床加工，现制定铣键槽专用夹具，在设计专用铣床夹具前，要求学生在老师指导下掌握铣床夹具的典型结构、铣床夹具的设计要点。

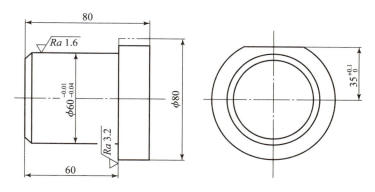

图 6-1 轴

### 6.1.2 学习目标

1. 知识目标
（1）了解铣床夹具的主要类型、结构特点及设计要点。
（2）能分析典型铣床夹具的工作原理与精度。
2. 能力目标
（1）根据零件工序加工要求，选择铣床夹具类型。
（2）能识读零件图、工序图及机械加工工艺卡。

3．素养目标

培养学生严谨求实的职业素养，以及遵守标准规范的法治精神。

### 6.1.3 重难点

1．重点

了解铣床夹具的主要类型与结构特点。

2．难点

能使用铣床夹具对工件进行装夹。

### 6.1.4 相关知识

1．铣床夹具的特点

（1）夹具随工作台做进给运动。

（2）铣削加工时切削量大，且为断续切削。

2．铣床夹具的主要类型

1）单件铣床夹具

图 6-2 所示为单件加工铣削夹具。在卧式铣床上加工连杆上、下面，工件定位套筒 3 和 6、固定 V 形块 1 和活动 V 形块 4 定位限制 5 个自由度，形成完全定位。

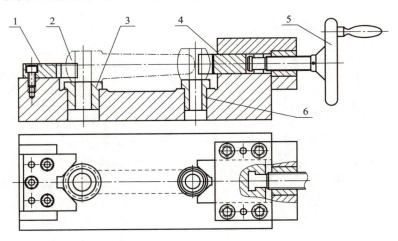

图 6-2　铣削连杆上下面的夹具

1—固定 V 形块；2—工件；3，6—定位套筒；4—活动 V 形块；5—手轮

2）多件夹紧的铣床夹具

如图 6-3 所示，7 个圆柱滚子以外圆柱面、端面在 7 个定位活动 V 形块 2、支承板上定位，通过侧向夹紧螺钉 3 夹紧，在铣床上铣削端面槽。由于采用多件装夹铣削，故除了多件一次装夹的工时比每个工件单独装夹工时之和可减少以外，还减少了铣削单个工件的切入、切出行程时间，因而提高了生产率。

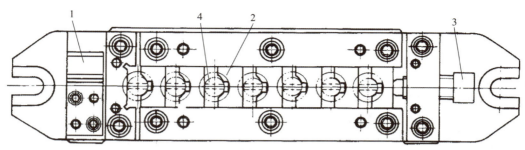

图 6 - 3　多件装夹的铣床夹具

1—正装直角对刀块；2—定位活动 V 形块；3—侧向夹紧螺钉；4—工件

带有靠模装置的铣床夹具用于在专用或通用铣床上加工各种成形面。靠模铣床夹具的作用是使主进给运动和由靠模获得的辅助运动合成加工所需要的仿形运动。按照主进给运动的运动方式，靠模铣床夹具可分为直线进给和圆周进给两种，如图 6 - 4 所示。

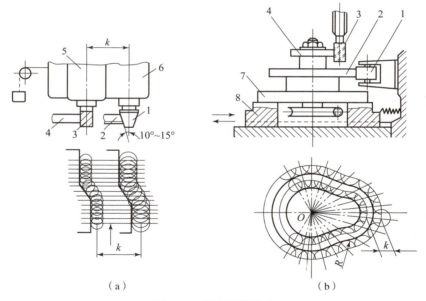

（a）　　　　　　　　　　（b）

图 6 - 4　靠模铣削夹具

（a）直线进给；（b）圆周进给；

1—滚柱；2—靠模板；3—铣刀；4—工件；5—铣刀滑座；6—滚柱滑座；7—回转台；8—滑座

## 2. 铣床夹具的设计要点

### 1）工件定位的稳定性和夹紧的可靠性设计

为保证工件定位的稳定性，除应遵循一般的设计原则外，铣床夹具定位元件的布置还应尽量使主要支承面积大些；若工件的加工部位呈悬臂状态，则应采用辅助支承，增加工件的安装刚度，防止振动；设计夹紧装置应保证足够的夹紧力，且具有良好的自锁性能，以防止夹紧机构因振动而松夹；施力的方向和作用点要恰当，并尽量靠近加工表面，必要时设置辅助夹紧机构，以提高夹紧刚度；对于切削用量大的铣床夹具，最好采用螺旋夹紧机构，一般不宜采偏心夹紧机构。

2）注意提高生产率

铣削加工有空行程，加工辅助时间长，因此，应尽可能安排多件、多工位加工，夹紧时则尽量采用快速夹紧、联动夹紧和液压、气动等高效夹紧。

3）铣床夹具底面的定位键设置

定位键安装在夹具底面的纵向槽中，一般使用两个，用开槽圆柱头螺钉固定，小型夹具也可使用一个断面为矩形的长键，通过定位键与铣床工作台上T形槽的配合，确定夹具在机床上的正确位置。此外定位键还可承受铣削时产生的切削扭矩，以减轻夹具固定螺栓的负荷，加强夹具在加工过程中的稳固性。

（1）A型定位键。

对于A型键，如图6-5（a）所示，其与夹具体槽和工作台T形槽的配合尺寸均为$B$，极限偏差可选h6或h8；夹具体上用于安装定位键的槽宽与$B$尺寸相同，极限偏差可选H7或js6。

（2）B型定位键。

为了提高精度，可选用B型定位键，如图6-5（b）所示，其与T形槽配合的尺寸$B_1$留有0.5 mm的磨量，可按机床T形槽实际尺寸配作，极限偏差取h6或h8。为了提高精度，两个定位键（或定向键）间的距离应尽可能加大些，安装夹具时应让键靠向T形槽一侧，以避免间隙的影响。

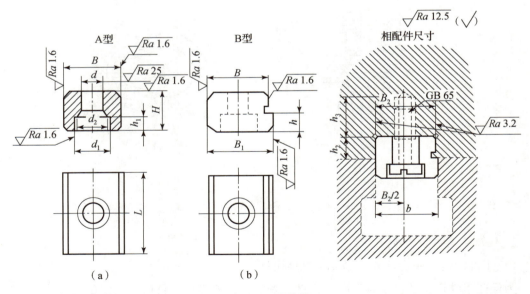

图6-5 定位键

4）铣床夹具对刀装置的设置

对刀装置主要由对刀块和塞尺组成，用以确定夹具与刀具间的相对位置。对刀块的结构形式取决于加工表面的形状。

图 6 - 6（a）所示为圆形对刀块，用于加工平面。

图 6 - 6（b）所示为方形对刀块，用于调整组合铣刀的位置。

图 6 - 6（c）所示为直角对刀块，用于加工两相互垂直面或铣槽时的对刀。

图 6 - 6（d）所示为侧装对刀块，用于加工两相互垂直面或铣槽时的对刀。

这些标准对刀块的结构参数均可从手册中查取。

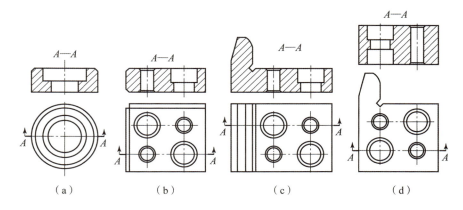

图 6 - 6　标准对刀块及对刀装置

（a）圆形对刀块；（b）方形对刀块；（c）直角对刀块；（d）侧装对刀块

5）铣床夹具的夹具体设计

为了提高铣床夹具在机床上安装的稳固性和动态下的抗振性能，在进行夹具的总体结构设计时，各种装置的布置应紧凑，加工面应尽可能靠近工作台面，以降低夹具的重心。一般夹具的高宽之比应限制在 $H/B \leqslant 1$ 范围内；铣床夹具的夹具体应具有足够的刚度和强度，必要时设置加强肋；应合理地设置耳座，以便与工作台连接。常见的耳座结构如图 6 - 7 所示。

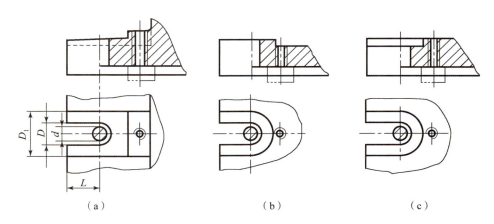

图 6 - 7　常见的耳座机构

（a）台阶式耳座；（b）凸出式耳座；（c）内凹式耳座

夹具应具有足够的排屑空间，并注意切屑的流向，使清理切屑方便。对于重型铣床夹具，在夹具体上应设置吊环，以便于搬运。

## 6.1.5 任务实施

### 1. 学生分组

| 班级 | | 组号 | | 授课教师 | |
|---|---|---|---|---|---|
| 组长 | | | 学号 | | |
| 组员 | | | | | |
| 姓名 | 学号 | 姓名 | 学号 | 姓名 | 学号 |
| | | | | | |
| | | | | | |
| | | | | | |
| | | | | | |
| | | | | | |

### 2. 任务工作单

| 组号 | | 姓名 | | 学号 | |
|---|---|---|---|---|---|

（1）简述铣床夹具的特点。



（2）铣床夹具的主要类型是什么？



（3）铣床夹具设计的要点是什么？

### 3. 合作研究

| 组号 | | 姓名 | | 学号 | |
|---|---|---|---|---|---|

（1）小组讨论，教师参与，确定任务工作单的最优答案。

（2）每组推荐一个小组长进行汇报，根据汇报情况，检讨不足。

### 4. 评价反馈

| 班级 | | 组名 | | 姓名 | |
|---|---|---|---|---|---|
| 学号 | | 出勤情况 | | | |
| 评价内容 | 评价要点 | 考查要点 | | 分数 | 分数评定 |
| 查阅文献情况 | 任务实施过程中文献查阅 | （1）是否查阅信息资料 | | 20分 | |
| | | （2）正确运用信息资料 | | | |
| 互动交流情况 | 组内交流，教学互动 | （1）积极参与交流 | | 30分 | |
| | | （2）主动接受教师指导 | | | |
| 任务完成情况 | 规定时间内的完成度 | （1）在规定时间内完成任务 | | 20分 | |
| | 任务完成的正确度 | （2）任务完成的正确性 | | 30分 | |
| 合计 | | | | 100分 | |

# 任务二　铣床夹具设计案例

## 6.2.1　任务情况描述

如图 6 – 8 所示零件图，材料为 40Cr，中批量生产，毛坯为棒料 $\phi90$ mm × 85 mm，已完成外圆、端面加工，现需完成铣上平面工序，工序图如图 6 – 9 所示，采用 CY – KX850LD 数控铣床加工，现制定铣键槽专用夹具，具体要求如下：

（1）进行任务分析。

（2）设计定位方案。

（3）设计夹紧方案。

（4）设计夹具与铣床连接装置。

（5）分析该夹具的精度。

（6）绘制夹具装配图及零件图。

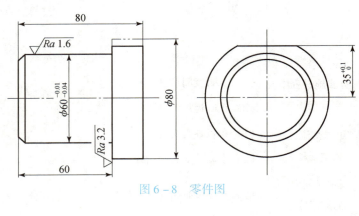

图 6 – 8　零件图

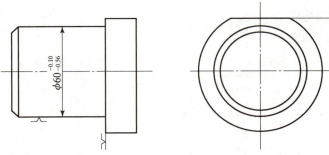

图 6 – 9　工序图

## 6.1.2　学习目标

### 1. 知识目标

（1）根据零件工序加工要求，确定定位方案。

（2）根据零件的特点和生产类型等要求，确定夹紧方案。

2．能力目标

（1）能对铣床夹具进行精度分析。

（2）能绘制铣床夹具总图及零件图。

3．素养目标

培养学生的职业素养和辩证思维。

### 6.1.3　重难点

1．重点

根据零件的特点和生产类型等要求，确定夹紧方案。

2．难点

能合理设计铣床夹具体的结构。

### 6.2.3　设计资料收集

收集《机械设计手册》《机床夹具设计手册》《金属切削加工工艺手册》等关于零件图（见图 6-10）的资料；本工序使用 X6130 铣床，工作台参数查阅《机床夹具设计手册》；本工序使用刀具为 $\phi 20$ mm 的立铣刀，刀具材料为 W18Gr4V，其刃部参数可查相关手册；设计采用机械行业《机床夹具零件及部件》（JB/T 8004.1—1999）等。

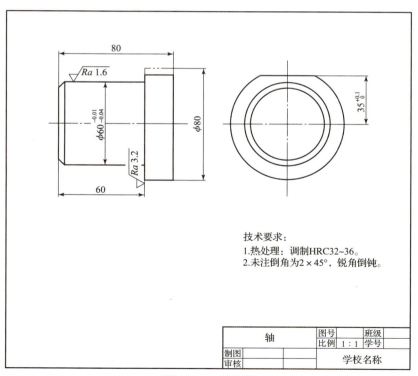

图 6-10　零件图

### 6.2.3 设 计 过 程

1. 工序分析

（1）该零件为轴类零件，材料为 40Cr，强度较好，结构简单。

（2）零件外形尺寸大小适中，本工序为铣削上平面，切削力不大，夹紧力要求不高。

（3）该零件在进行本道工序前期各表面已完成加工，本工序加工精度要求较高，所以在设计夹具时，其精度和复杂程度应适中。

（4）该零件为中批量生产。

2．设计定位方案

1）限制自由度分析

本工序加工要求：位置尺寸要求为 $35^{+0.1}_{0}$ mm。其坐标如图 6 – 11 所示，具体限制自由度如下：位置尺寸要求为 $35^{+0.1}_{0}$ mm，需要限制 $\vec{Y}$、$\hat{Z}$。

2）定位基准和加工要求分析

本工序定位基准为 $\phi60g8$ 及外圆面、轴肩面，如图 6 – 11 所示，即外圆面定位限制 4 个自由度，轴肩面定位限制 1 个自由度，遵循基准重合原则。

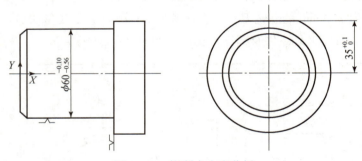

图 6 – 11　限制自由度分析

3）定位元件设计

根据工序图要求，采用长 V 形块定位，如图 6 – 12 所示，即工件外圆 $\phi60g8$ 与长 V 形

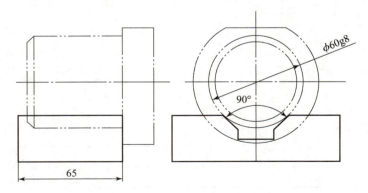

图 6 – 12　定位元件布置

块接触限制 $\vec{Y}$、$\vec{Z}$、$\hat{Y}$、$\hat{Z}$，工件轴肩面与 V 形块端面接触限制 $\vec{X}$，即结果限制了 $\vec{X}$、$\vec{Y}$、$\vec{Z}$、$\hat{Y}$、$\hat{Z}$，定位方案设计合理。零件的轴向尺寸为 60 mm，取 V 形块轴向尺寸为 65 mm，V 形块的结构、尺寸参照机械行业标准《机床夹具零件及部件标准汇编》设计。

2）定位误差 $\Delta_{dw}$ 分析

对于位置尺寸 $35^{+0.1}_{0}$ mm：工序基准和定位基准重合 $\Delta_{jb_1} = 0$，$\Delta_{db_1} = 0.707 \times 0.046 \approx 0.032\ 5$（mm），$\Delta_{dw_1} = 0.032\ 5 < 1/3T \approx 0.033\ 3$ mm，满足该项设计要求。

结论：定位方案可行。

3. 设计夹紧方案

根据零件工序要求，零件主要定位表面为 $\phi 80g8$ 圆柱面，夹紧力由上向下夹紧作用于主要定位面，有利于保证定位准确可靠；同时考虑工件尺寸大小及切削力因素，采用手动螺栓压板夹紧方式，其组成件的结构、尺寸参照机械行业标准《机床夹具零件及部件标准汇编》等设计。其夹紧机构如图 6 – 13 所示。

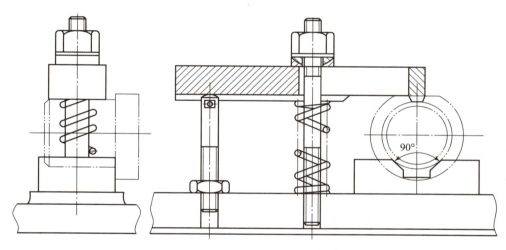

图 6 – 13 夹紧机构

4. 对刀方案设计

铣床夹具的对刀装置主要由对刀块、塞尺组成，如图 6 – 14 所示。本方案选用直角正装对刀块和平面塞尺，对刀块布置在加工开始进给位置一侧，对刀块与夹具体的连接采用销钉定位螺钉紧固，塞尺厚度选为 $S = 3h8$。对刀块、塞尺的结构、尺寸查阅机械行业标准《机床夹具零件及部件汇编》设计。

1）确定对刀尺寸

（1）对刀基准：上下、左右方向的对刀基准均为 V 形块中心线，即标准量棒中心线（为工件外圆平均直径的中心线）。

（2）对刀尺寸：对刀基准与对刀块工作表面间的位置尺寸，如图 6 – 14 中 $J_2$ 尺寸。

计算 $J_2$：因 $35^{+0.1}_{0}$ mm $= 35.05$ mm $\pm 0.05$ mm，$S = 3$ mm，所以 $J_2 = (35.05 - 3) \pm 1/3 \times 0.05 = 35.05$ mm $\pm 0.017$ mm。

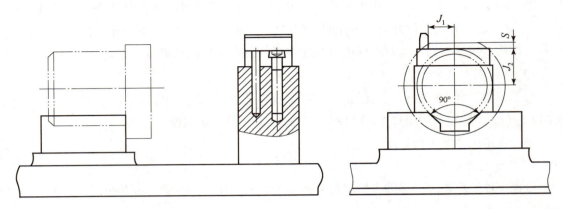

图 6 – 14　对刀装置

2）计算对刀误差 $\Delta_{jd}$

对于铣床而言，产生对刀误差的因素主要是对刀尺寸误差、塞尺尺寸误差及塞尺测量松紧误差。为减少塞尺测量松紧误差，采用首件检验调整，所以对刀误差由对刀尺寸误差和塞尺尺寸误差组成。

对于尺寸 $35^{+0.1}_{0}$ mm：

$$\Delta_{jd_1} = \delta_{J_1} + \delta_S = 0.009 + 0.014 = 0.023 \ （mm）$$

5. 连接装置设计

铣床夹具以夹具体底面、定位键侧面与铣床工作台面、T 形槽侧面接触定位，然后用螺栓压板将夹具压紧在铣床工作台面上。

1）确定夹具体

夹具体采用灰铸铁 HT200 铸造加工而成。夹具体底面与铣床工作台面两边接触，在夹具体上的两侧设置 U 形耳座，供固定夹具用；在夹具体底面两侧加工有键槽，供安装定位键用。V 形块与夹具体的连接采用销钉定位螺钉紧固。V 形块中心线与夹具体底面的平行度取工件尺寸 $35^{+0.1}_{0}$ mm 公差要求的五分之一，即 $0.1 \times 1/5 = 0.02$（mm）。

2）确定定位键

本工序所使用的设备为 X6130，X6130 工作台面 T 形槽宽度为 14H8（$^{+0.027}_{0}$）；选取两个宽度为 14h6（$^{0}_{-0.011}$）的定位键布置于夹具体两侧键槽，夹具定位键与 T 形槽的最大配合间隙为 0.038 mm，即 $L = 235$ mm。V 形块中心线与键侧面的平行度取工件对称度要求的五分之一，即 $1/5 \times 0.05 = 0.01$（mm）。

3）设计夹具位置误差 $\Delta_{jw}$

夹具位置误差产生的因素有元件定位面与夹具定位面的位置误差、夹具定位面与机床定位面的连接配合误差，所以对于尺寸 $35^{+0.1}_{0}$ mm：

$$\Delta_{jw_1} = 0.02 \div 65 \times 20 \approx 0.006 \ 2 \ （mm）$$

3）分析夹具精度

对于尺寸 $35^{+0.1}_{0}$ mm：$\Delta_{dw_1}=0.032\,5$ mm，$\Delta_{jd_1}=0.023$ mm，$\Delta_{jw_1}=0.006\,2$ mm，即

$$\Delta_1=\sqrt{\Delta_{dw_1}^2+\Delta_{jw_1}^2+\Delta_{jd_1}^2}\approx0.04<0.1\times2/3\approx0.067$$

满足加工要求。

结论：设计夹具满足加工精度要求，方案可行。

6. 绘制夹具总图

1）标注尺寸

外形轮廓尺寸：400 mm×300 mm×184 mm。

工件与定位元件联系尺寸：$\phi80g8$。

夹具与机床的联系尺寸：$\phi14H8/h6$。

其他配合尺寸：$\phi6H7/m6$、$\phi5H7/m6$。

2）技术条件

定位心轴轴线与菱形销轴线的平行度≤0.02：100。

定位心轴大定位面与夹具体底面的平行度≤0.02：100。

定位心轴轴线与夹具体底面的垂直度≤$\phi0.08$。

定位心轴轴线与定位键侧面的平行度≤0.036：280。

铣床夹具装配图如图6-15所示。

## 6.2.5 任务实施

1. 学生分组

| 班级 | | 组号 | | 授课教师 | |
|---|---|---|---|---|---|
| 组长 | | 学号 | | | |
| 组员 | | | | | |
| 姓名 | 学号 | 姓名 | 学号 | 姓名 | 学号 |
| | | | | | |
| | | | | | |
| | | | | | |
| | | | | | |
| | | | | | |

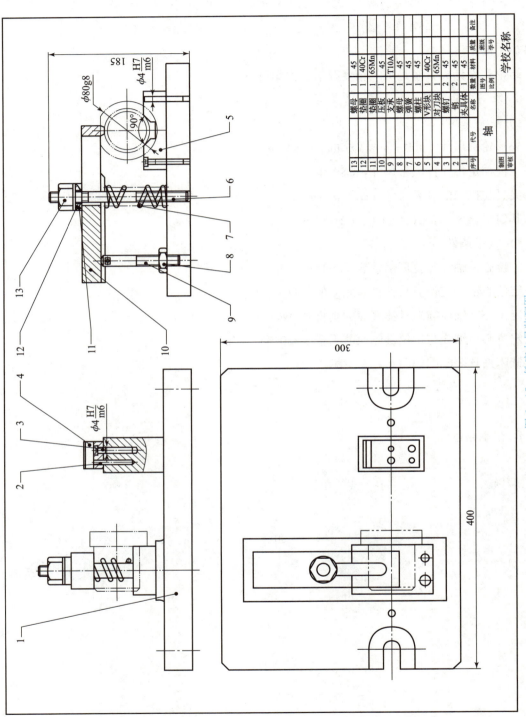

图 6-15 铣床夹具装配图

| 13 | | 螺母 | 1 | 45 | |
| 12 | | 垫圈 | 1 | 40Cr | |
| 11 | | 垫圈 | 1 | 65Mn | |
| 10 | | 压板 | 1 | 45 | |
| 9 | | 支承 | 1 | T10A | |
| 8 | | 螺母 | 1 | 45 | |
| 7 | | 弹簧 | 1 | 45 | |
| 6 | | 螺柱 | 1 | 45 | |
| 5 | | V形块 | 1 | 40Cr | |
| 4 | | 对刀块 | 1 | 65Mn | |
| 3 | | 螺钉 | 2 | 45 | |
| 2 | | 销 | 2 | 45 | |
| 1 | | 夹具体 | 1 | 45 | |
| 序号 | 代号 | 名称 | 数量 | 材料 | 备注 |
| 轴 | | | | 图号 | |
| 学校名称 | | | | 比例 | |
| | | | | 班级 | |
| | | | | 学号 | |
| 制图 | | | | 质量 | 备注 |
| 审核 | | | | | |

2. 任务工作单

| 组号 | | 姓名 | | 学号 | |
|---|---|---|---|---|---|

（1）长 V 形块限制几个自由度？

（2）铣床专用夹具的设计特点是什么？

（3）铣床夹具安装在机床的什么地方？

3. 合作研究

| 组号 | | 姓名 | | 学号 | |
|---|---|---|---|---|---|

（1）小组讨论，教师参与，确定任务工作单的最优答案。

（2）每组推荐一个小组长进行汇报，根据汇报情况，检讨不足。

4. 评价反馈

| 班级 | | 组名 | | 姓名 | |
|---|---|---|---|---|---|
| 学号 | | | 出勤情况 | | |
| 评价内容 | 评价要点 | 考查要点 | | 分数 | 分数评定 |
| 查阅文献情况 | 任务实施过程中文献查阅 | （1）是否查阅信息资料 | | 20分 | |
| | | （2）正确运用信息资料 | | | |
| 互动交流情况 | 组内交流，教学互动 | （1）积极参与交流 | | 30分 | |
| | | （2）主动接受教师指导 | | | |
| 任务完成情况 | 规定时间内的完成度 | （1）在规定时间内完成任务 | | 20分 | |
| | 任务完成的正确度 | （2）任务完成的正确性 | | 30分 | |
| 合计 | | | | 100分 | |

# 模块七　钻床夹具设计

## 任务一　钻床夹具典型机构

### 7.1.1　任务描述

如图 7 – 1 所示挡环零件，材料为 45 钢，已完成车外形、内孔、端面工序，使用专用钻床夹具完成 $\phi 10H7$ 小孔的加工。在设计专用车床夹具前，要求学生在老师指导下掌握钻床夹具的典型结构、钻床夹具的设计要点。

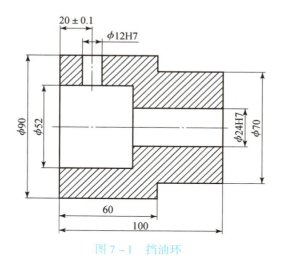

图 7 – 1　挡油环

### 7.1.2　学习目标

1. 知识目标

（1）钻床夹具的类型。

（2）钻床夹具的设计要点。

2. 能力目标

（1）根据零件工序加工要求，选择钻床夹具类型。

（2）根据零件工序加工要求，确定定位夹紧方案。

**3. 素养目标**

培养具体问题、具体分析的能力。

### 7.1.3　重难点

**1. 重点**

钻床夹具设计要点。

**2. 难点**

能描述典型钻床夹具的特点及适用场所。

### 7.1.4　相关知识

**1. 钻床夹具的类型与特点**

钻模的类型很多，有固定式、回转式、移动式、翻转式、盖板式和滑柱式等。

**1) 固定式钻模**

在使用的过程中，固定式钻模在机床上的位置是固定不动的，其主要用于在立式钻床上加工直径大于 10 mm 的单孔、在摇臂钻床上加工较大的平行孔系，如图 7 - 2 所示。

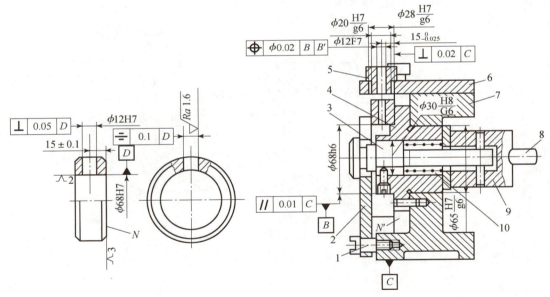

图 7 - 2　固定钻模

1—螺钉；2—转动开口垫圈；3—拉杆；4—定位法兰；5—快换钻套；
6—钻模板；7—夹具体；8—手柄；9—圆偏心凸轮；10—弹簧

**2) 移动式钻模**

移动式钻模在使用时可沿钻床工作台面移动，让钻头通过钻套进行钻孔加工，如图 7 - 3 所示。钻模靠摩擦力矩与转矩平衡，用在立钻上加工与钻削方向平行的孔系，钻孔直径 $d < 10$ mm，钻模加工件总质量 $< 15$ kg。

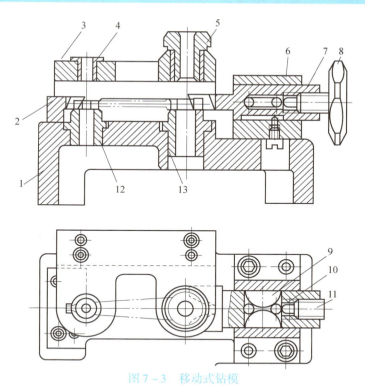

图 7-3　移动式钻模

1—夹具体；2—固定 V 形块；3—钻模板；4、5—钻套；6—支座；6—活动 V 形块；

8—手轮；9—半月键；10—钢球；11—螺钉；12、13—定位套

### 3. 翻转式钻模

翻转式钻模的特点：使用时，工件和夹具整体一起翻转。

这类钻模是一种小型夹具，在操作过程中，需要通过人工进行翻动。为了减轻工人的劳动强度，这类钻模的总质量最好不要超过 10 kg，对于稍大一些的工件用翻转钻模时，必须设计专门的托架，如图 7-4 所示。

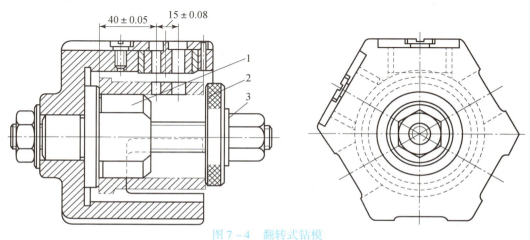

图 7-4　翻转式钻模

1—定位销；2—开口垫圈；3—螺母

#### 4. 盖板式钻模

盖板式钻模是将钻套直接装在钻模板上，无须夹具体，因经常搬动，有时需要把手或吊耳，主要用在大中型工件上加工孔，如图 7-5 所示。

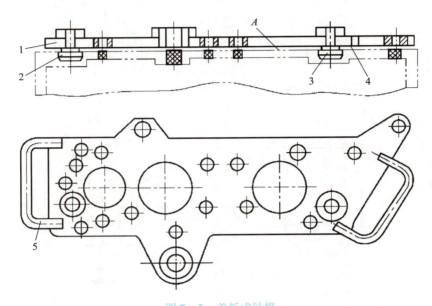

图 7-5 盖板式钻模

1—盖板；2—圆柱销；3—削边销；4—支承钉；5—把手

### 7.1.2 车床夹具的设计要点

#### 1. 钻模类型的选择

（1）在立式钻床上加工直径小于 10 mm 的小孔或孔系且钻模重量小于 15 kg 时，一般采用移动式普通钻模。

（2）在立式钻床上加工直径大于 10 mm 的单孔，或在摇臂钻床上加工较大的平行孔系，或钻模重量超过 15 kg，且加工精度要求高时，一般采用固定式普通钻模。

（3）翻转式钻模适用于加工中、小型工件，包括工件在内所产生的总重力不宜超过 100 N。

（4）对于孔的垂直度和孔距要求不高的中、小型工件，有条件时宜优先采用滑柱钻模。

（5）对于钻模板和夹具体为焊接式的钻模，因焊接应力不能彻底消除，精度不能长期保持，故一般在工件孔距公差要求不高（大于 ±0.1 mm）时才采用。

（6）床身、箱体等大型工件上的小孔的加工一般采用盖板式钻模。

#### 2. 钻套

1）钻套作用

（1）保证被加工孔的位置精度。

（2）提高工艺系统的刚度。

2）钻套的类型

（1）固定钻套。

如图 7-6（a）和图 7-6（b）所示，固定钻套可分为 A、B 型两种，钻套安装在钻模板或夹具体中。固定钻套结构简单，钻孔精度高，适用于单一钻孔工序和小批生产。

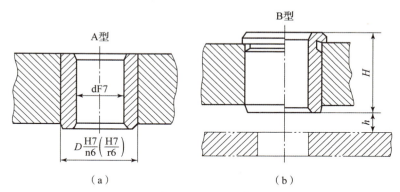

图 7-6　固定钻套
（a）A 型固定钻套；（b）B 型固定钻套

（2）可换钻套（JB/T 8045.2—1999），如图 7-7 所示。

当工件为单一钻孔工步、大批量生产时，为便于更换磨损的钻套，可选用可换钻套；当钻套磨损后，可卸下螺钉（GB/T 2268—1991），更换新的钻套。螺钉能防止钻套加工时转动及退刀时脱出。

（3）快换钻套（JB/T 8045.3—1999），如图 7-8 所示。

当工件需钻、扩、铰多工步加工时，为能快速更换不同孔径的钻套，应选用快换钻套。其在更换钻套时，将钻套缺口转至螺钉处，即可取出钻套。快换钻套削边的方向应考虑刀具的旋向，以免钻套自动脱出。

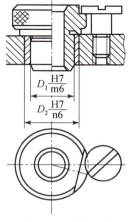
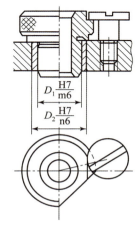

图 7-7　可换钻套　　　　　图 7-8　快换钻套

（4）因工件的形状或被加工孔的位置需要而不能使用标准钻套时，需自行设计钻套，此种钻套称为特殊钻套。常见的特殊钻套如图 7-9 所示。

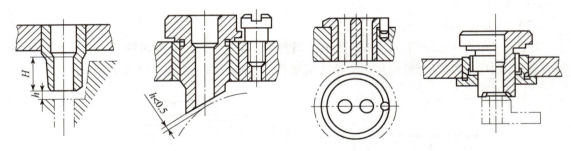

图 7 - 9　常见的特殊钻套

## 2. 钻模板

钻模板为安装钻套的板，常见的钻模板有以下几种。

### 1）固定式钻模板

如图 7 - 10 所示，固定式钻模板通常与钻模夹具体成一体，或固定在夹具体上。其固定方式有铸造为一体［见图 7 - 10（a）］，焊接为一体［见图 7 - 10（b）］，销钉定位、多个螺钉紧固为一体［见图 7 - 10（c）］。当采用销钉定位时，其销钉孔与夹具体销钉孔配铰加工。钻模板装好后钻套位置尺寸不变，加工精度较高，但有时装卸工件不方便。

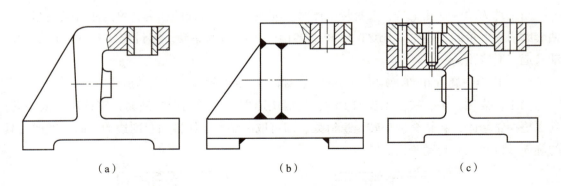

（a）　　　　　　　　　　　（b）　　　　　　　　　　　（c）

图 7 - 10　特殊钻套

（a）钻模板与夹具体铸成一体；（b）钻模板与夹具体焊接成一体；

（c）用螺钉和销钉连接

### 2）铰链式钻模板

铰链式钻模板用铰链装在夹具体上，可以绕铰链轴翻转，如图 7 - 11 所示。

### 3）可卸式钻模板

可卸式钻模板是指钻模板与夹具体分离，钻模板在工件上定位，并与工件一起装卸，费力且位置精度低，如图 7 - 12 所示。

### 4）悬挂式钻模板

在立式钻床或组合机床上用多轴传动头加工平行孔系时，钻模板连接在机床主轴的传动箱上，随机床主轴上下移动，靠近或离开工件，这种结构简称为悬挂式钻模板，如图 7 - 13 所示。

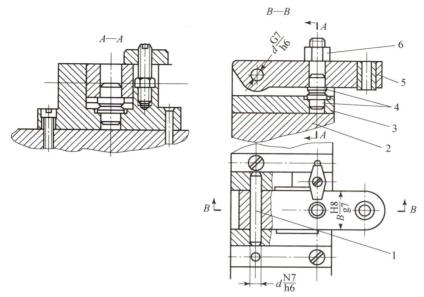

图 7-11　铰链式钻模板
1—铰链销；2—夹具体；3—铰链座；4—支承钉；5—钻模板；6—螺母

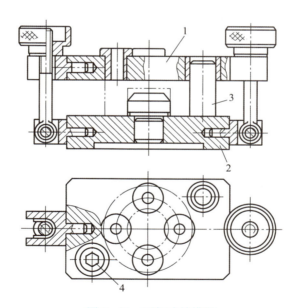

图 7-12　可卸式钻模板
1—钻模板；2—夹具体；3—圆柱销；4—菱形销

设计钻模板时应注意以下几点：

（1）钻模板上安装钻套的孔之间及孔与定位元件的位置应有足够的精度。

（2）钻模板应具有足够的刚度。

（3）为保证加工的稳定性，悬挂式钻模板导杆上的弹簧力必须足够，以使钻模板在夹具上维持足够的定位压力。

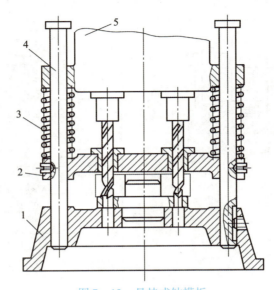

图 7 – 13　悬挂式钻模板

1—底座；2—钻模板；3—弹簧；4—导向滑柱；5—横梁

### 3. 钻模用支脚

如图 7 – 14 所示，钻模用支脚有铸造结构、焊接结构和装配结构。支脚位置布置应考虑钻模工作稳定，有以下要求：

（1）支脚必须有四个。

（2）矩形支脚的宽度或圆柱支脚的直径必须大于机床工作台 T 形槽的宽度。

（3）夹具的重心、钻削压力必须落在四个支脚所形成的支承面内。

（4）钻套轴线应与支脚所形成的支承面垂直或平行。

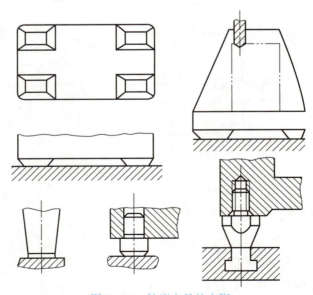

图 7 – 14　钻床夹具的支脚

### 7.1.5 任务实施

#### 1. 学生分组

| 班级 | | 组号 | | 授课教师 | |
|---|---|---|---|---|---|
| 组长 | | | 学号 | | |
| 组员 | | | | | |
| 姓名 | 学号 | 姓名 | 学号 | 姓名 | 学号 |
| | | | | | |
| | | | | | |
| | | | | | |
| | | | | | |
| | | | | | |

#### 2. 任务工作单

| 组号 | | 姓名 | | 学号 | |
|---|---|---|---|---|---|
| （1）钻床夹具的特点是什么？ | | | | | |
| | | | | | |
| （2）钻床夹具设计的要点有哪些？ | | | | | |
| | | | | | |
| （3）钻床专用夹具的设计步骤是什么？ | | | | | |
| | | | | | |

#### 3. 合作研究

| 组号 | | 姓名 | | 学号 | |
|---|---|---|---|---|---|
| （1）小组讨论，教师参与，确定任务工作单的最优答案。 | | | | | |
| | | | | | |

| 组号 | | 姓名 | | 学号 | |
|------|---|------|---|------|---|
| （2）每组推荐一个小组长进行汇报，根据汇报情况，检讨不足。 | | | | | |
| | | | | | |

### 4. 评价反馈

| 班级 | | 组名 | | 姓名 | |
|------|---|------|---|------|---|
| 学号 | | | 出勤情况 | | |
| 评价内容 | 评价要点 | 考查要点 | | 分数 | 分数评定 |
| 查阅文献情况 | 任务实施过程中文献查阅 | （1）是否查阅信息资料 | | 20分 | |
| | | （2）正确运用信息资料 | | | |
| 互动交流情况 | 组内交流，教学互动 | （1）积极参与交流 | | 30分 | |
| | | （2）主动接受教师指导 | | | |
| 任务完成情况 | 规定时间内的完成度 | （1）在规定时间内完成任务 | | 20分 | |
| | 任务完成的正确度 | （2）任务完成的正确性 | | 30分 | |
| 合计 | | | | 100分 | |

## 任务二　钻床夹具设计案例

### 7.2.1　任务情况描述

如图 7 - 15 所示挡环零件，材料为 45 钢，已完成车外形、内孔、端面工序，完成 $\phi10H7$ 的小孔加工。现制定钻削专用夹具方案，具体要求如下：

（1）进行工序分析。

（2）设计定位方案。

（3）设计夹紧方案。

（4）设计夹具与车床连接装置。

（5）分析夹具精度。

（6）绘制车床夹具的装配图与零件图。

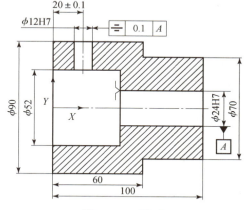

图 7 - 15　挡环

### 7.2.2　学习目标

1. 知识目标

（1）能分析钻床夹具位置误差产生的原因，并计算钻床夹具的位置误差。

（2）能合理设计钻模结构。

2. 能力目标

（1）能合理设计钻床夹具总体结构。

（2）能正确绘制钻床夹具总图及零件图，合理标注尺寸、公差及技术要求。

3. 素养目标

能进行良好的交流与合作。

### 7.2.3　重难点

1. 重点

能合理确定钻套形式及对刀位置尺寸。

2. 难点

能分析钻床夹具位置误差的产生原因。

### 7.2.4　设计资料收集

收集《机械设计手册》《机床夹具设计手册》《金属切削加工工艺手册》等资料；本工序使用 Z512 立钻，主轴端部参数查阅《机床夹具设计手册》；刀具为通用标准麻花钻，刀具材料为 YT30，其刃部参数可查相关手册；设计参考机械行业《机床夹具零件及部件》（JB/T 8004.1—1999）等。其零件图如图 7-16 所示。

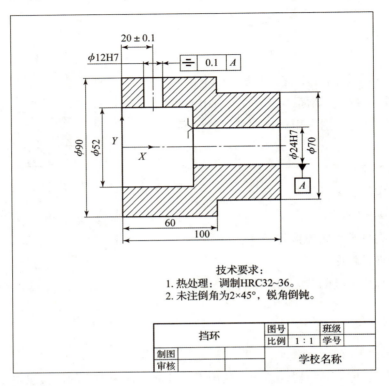

技术要求：
1. 热处理：调制 HRC32~36。
2. 未注倒角为 2×45°，锐角倒钝。

| 挡环 | | 图号 | | 班级 | |
|---|---|---|---|---|---|
| | | 比例 | 1：1 | 学号 | |
| 制图 | | | 学校名称 | | |
| 审核 | | | | | |

图 7-16　零件图

### 7.2.5　设计过程

**1. 工序分析**

（1）该零件为一套类零件，零件材料为 45 钢，强度较好，结构简单。

（2）零件外形尺寸适合，钻 $\phi 12$ mm 孔，钻孔切削力较小，夹紧力要求不高。

（3）该零件前期各表面已完成加工，本工序孔径要求不高但对加工位置、尺寸精度有一定要求，设计夹具精度和复杂程度不宜太高，应尽可能降低制造成本。

（4）该零件为中批生产，本工序完成单一直径钻孔。

**2. 设计定位方案**

**1）定位基准和加工要求分析**

本工序所加工的 $\phi 12H7$ 孔位于工件外径 $\phi 90$ 的圆周上，孔径较小，工件质量轻，轮廓尺寸小，生产量为中批量生产，故采用固定式钻模。根据工件结构特点，其定位方案有以下两种：

（1）以 $\phi 24H7$ 孔及其左端面为定位面，以 $\phi 52$ 孔左端面为定位面，限制 5 个自由度，如图 7-17（a）所示。这一定位方案存在基准不重合误差，会引起较大的定位误差。

（2）以 $\phi 24H7$ 孔及其右端面为定位面，以 $\phi 52$ mm 孔左端面为定位面，限制 5 个自由度，如图 7 – 17（b）所示。这一定位方案设计基准与定位基准重合，所以 $\Delta B = 0$。

比较上述两种定位方案，初步确定选用第二种方案。

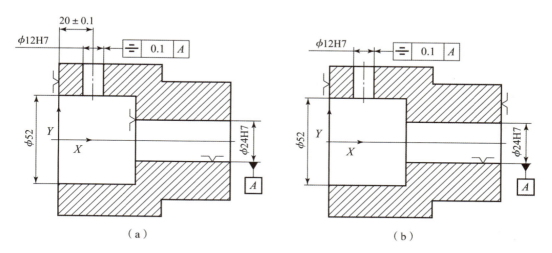

图 7 – 17　定位基准图

2）限制自由度分析

坐标如图 7 – 17（b）所示，具体限制自由度如下：

（1）$\phi 12H7$ 孔由定尺寸刀具保证。

（2）为保证位置尺寸 20 mm ± 0.1 mm，需要限制 $\vec{X}$、$\hat{Y}$、$\hat{Z}$。

（3）为保证对称度 0.1 mm，需要限制 $\vec{Z}$。

综合结果：应限制 $\vec{X}$、$\vec{Z}$、$\hat{Y}$、$\hat{Z}$，工序定位方案合理。

3）定位元件设计

选择带台阶面的定位心轴，作为以 $\phi 12H7$ 孔及其端面的定位元件，定位副配合取 $\phi 24H7/f6$。

4）定位误差 $\Delta_{dw}$ 分析

（1）加工 $\phi 12H7$ 孔时孔距尺寸 20 mm ± 0.1 mm 的定位误差计算。

由于基准重合，故 $\Delta_{jb_1} = 0$；平面定位不存在基准位移误差，$\Delta_{db_1} = 0$。因此，定位误差 $\Delta_{dw_1} = 0$。

（2）加工对称度 0.1 mm 的定位误差计算。

由于基准重合，故 $\Delta_{jb_2} = 0$；基准位移误差 $\Delta_{db_2} = 0$，故定位误差 $\Delta_{dw_2} = 0$。

结论：此定位方案能满足定位要求。

3. 设计夹紧方案

参考夹具资料，以定位轴为主定位，以固定式套筒为辅助定位，采用 M18 螺母、端盖、

垫圈和定位轴在 $\phi24H7$ 孔右端面夹紧工件，如图 7 – 16 所示。考虑实际夹紧力较小，以及所加工零件的结构特征，决定选用滑动压板夹紧结构而且不需要进行强度校核，如图 7 – 18 所示。

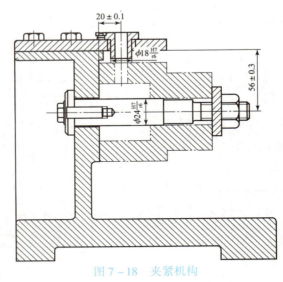

图 7 – 18　夹紧机构

4. 确定引导元件（钻套的类型及结构尺寸）

由于生产量为中批量生产，故选用可换钻套，主要尺寸由《机床夹具零、部件》国家标准 GB/T 2263—1980、GB/T 2265—1980 选取，各参数如下：

（1）钻孔时钻套内径为 $\phi12$ mm。

（2）外径为 $\phi18$ mm。

（3）中间衬套内径为 $\phi18$ mm。

（4）中间衬套外径为 $\phi24$ mm。

（5）钻套端面至加工面的距离取 8 mm。

（6）麻花钻选用 $\phi12$ mm。

（7）引导元件至定位元件间的位置尺寸为 56 mm ±0. 03 mm。

（8）钻套轴线对基面的垂直度允差为 0.02 mm。

5. 夹具精度分析与计算

所设计夹具需保证的加工要求有：尺寸 20 mm ±0. 1 mm；孔 $\phi12$ 轴线对 $\phi24$ 轴线间垂直度公差 0. 1 mm。其精度分别验算如下：

1）尺寸 20 mm ±0. 1 mm 的精度校核

（1）由前面计算可知，定位误差 $\Delta_{dw_1} = 0$。

（2）钻套与中间衬套间的最大配合间隙 $X_1 = 0.027$ mm。

（3）定位轴的定位端面至衬套中心距离（50 mm），其尺寸公差按工件相应尺寸公差的三分之一取为 $\delta_1 = 0.03$ mm。

（4）麻花钻与钻套内孔的间隙 $X_2 = 0.04$ mm。

（5）钻头在钻套孔中的倾斜误差为

$$X_3 = (B + S + H/2) \times X_2 \div H$$

由于 $B = 5$ mm，$S = 8$ mm，$H = 15$ mm，故

$$X_3 = (5 + 8 + 9) \times 0.04 \div 18 = 0.059(\text{mm})$$

（6）钻套中间衬套内、外表面轴度公差为

$$e_1 = e_2 = 0.02 \text{ mm}$$

因各项误差不可能同时出现最大，故对这些随机变量按概率法合成为

$$\Delta_{\text{jd}_1} = \sqrt{\delta_1^2 + e_1^2 + e_2^2 + x_1^2 + (2x_3)^2} \approx 0.128$$

因而该夹具能保证尺寸 20 mm ± 0.1 mm 的加工要求。

2）孔 $\phi$12 轴线对 $\phi$24 轴线间垂直度公差 0.1 mm 精度校核

钻套孔轴线对夹具底座间垂直度误差为

$$\Delta_{\text{jd}_2} = 0.02 \text{ mm}$$

6. 设计连接装置

1）夹具与机床的连接

固定式钻床夹具通过夹具体钻模支脚与钻床工作台面接触，由《机床夹具设计手册》查得，Z512 钻床工作台 T 形槽宽度为 12 mm，设计钻模支脚尺寸大于 12 mm 即可，此时取 3 个支承钉所在工作面与夹具体钻模支脚底面平行度误差≤0.02：100 mm。

2）夹具位置误差 $\Delta_{\text{jw}}$ 计算

对于钻床夹具，只有元件定位面对夹具定位面的位置误差产生 $\Delta_{\text{jw}}$。

对于位置尺寸 20 mm ± 0.1 mm，折算到加工工件高度上产生的误差为

$$\Delta_{\text{jw}_1} = 0.02/100 \times 19 = 0.003\ 8(\text{mm})$$

对于对称度 0.1 mm，折算到加工工件高度上产生的误差为

$$\Delta_{\text{jw}_2} = 0.02/100 \times 19 = 0.003\ 8(\text{mm})$$

3）夹具精度分析

对于加工要求 20 mm ± 0.2 mm：$\Delta_{\text{dw}_1} = 0$，$\Delta_{\text{jd}_1} = 0.128$ mm；$\Delta_{\text{jw}_1} = 0.003\ 8$（mm），故

$$\Delta_1 = \sqrt{\Delta_{\text{dw}_1}^2 + \Delta_{\text{jw}_1}^2 + \Delta_{\text{jd}_1}^2} \approx 0.128 < 0.2 \times 2/3 \approx 0.133$$

满足加工要求。

对于对称度 0.1 mm：$\Delta_{\text{dw}_2} = 0$，$\Delta_{\text{jd}_2} = 0.02$ mm，$\Delta_{\text{jw}_2} = 0.003\ 8$ mm，故

$$\Delta_2 = \sqrt{\Delta_{\text{dw}_2}^2 + \Delta_{\text{jw}_1}^2 + \Delta_{\text{jd}_1}^2} \approx 0.020 < 0.1 \times 2/3 \approx 0.067$$

满足加工要求。

结论：设计夹具满足加工精度要求，方案可行。

7. 绘制夹具总图

1）绘制夹具装配图

根据已完成的夹具结构草图，进一步修改结构，完善视图后，绘制正式夹具总装图，如图 7 - 19 所示。

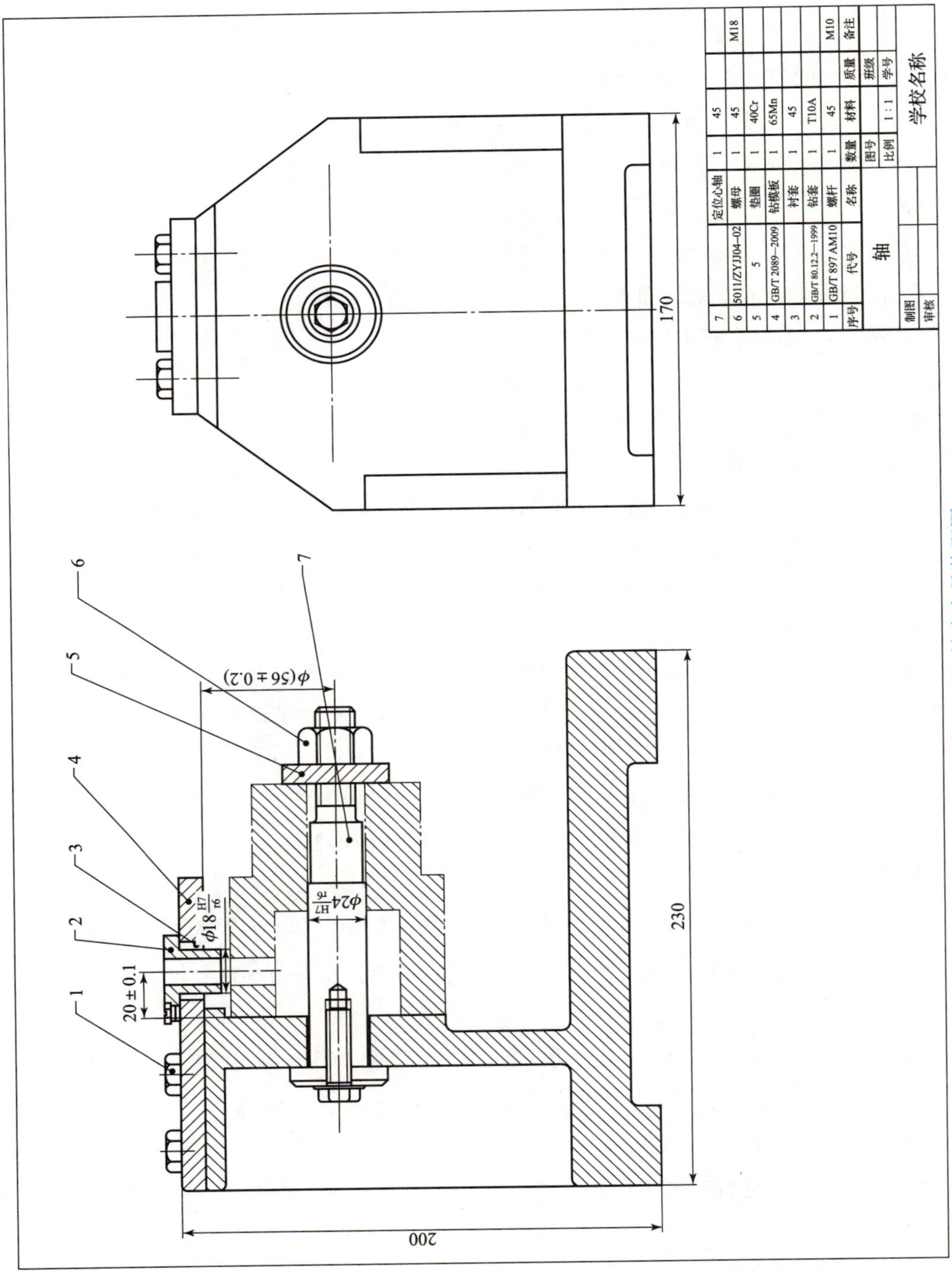

图 7-19 钻床夹具装配图

| 7 | | 定位心轴 | 1 | 45 | | M18 |
| 6 | 5011/ZYJ04-02 | 螺母 | 1 | 45 | | |
| 5 | 5 | 垫圈 | 1 | 40Cr | | |
| 4 | GB/T 2089-2009 | 钻模板 | 1 | 65Mn | | |
| 3 | | 衬套 | 1 | 45 | | |
| 2 | GB/T 80.12.2-1999 | 钻套 | 1 | T10A | | |
| 1 | GB/T 897 AM10 | 螺杆 | 1 | 45 | | M10 |
| 序号 | 代号 | 名称 | 数量 | 材料 | 质量 | 备注 |

轴

学校名称 | 学号 班级 | 图号 | 比例 1:1

制图 | 审核

2）尺寸、技术条件标注

（1）尺寸。

①最大外形轮廓尺寸（A 类尺寸）。

②工件与定位元件的联系尺寸（B 类尺寸）。

③夹具与刀具的联系尺寸（C 类尺寸）。

（2）技术要求。

①定位端面等高允差≤0.02 mm。

②定位端面所在工作面与夹具体底面平行度误差≤0.02∶100 mm。

③定位销对夹具体底面垂直度误差≤$\phi$0.05∶100 mm。

④钻套中心线与夹具体底面垂直度误差≤$\phi$0.05∶100 mm。

### 7.2.6 任务实施

**1. 学生分组**

| 班级 | | 组号 | | 授课教师 | |
|---|---|---|---|---|---|
| 组长 | | | 学号 | | |
| 组员 | | | | | |
| 姓名 | 学号 | 姓名 | 学号 | 姓名 | 学号 |
| | | | | | |
| | | | | | |
| | | | | | |
| | | | | | |
| | | | | | |

**2. 任务工作单**

| 组号 | | 姓名 | | 学号 | |
|---|---|---|---|---|---|
| （1）麻花钻钻孔的特点是什么？ | | | | | |
| | | | | | |
| （2）钻床夹具与机床连接为什么会产生误差？ | | | | | |
| | | | | | |

| 组号 | | 姓名 | | 学号 | |
|---|---|---|---|---|---|

（3）专用钻床夹具安装在机床的什么地方？

### 3. 合作研究

| 组号 | | 姓名 | | 学号 | |
|---|---|---|---|---|---|

（1）小组讨论，教师参与，确定任务工作单的最优答案。

（2）每组推荐一个小组长进行汇报，根据汇报情况，检讨不足。

### 4. 评价反馈

| 班级 | | 组名 | | 姓名 | |
|---|---|---|---|---|---|
| 学号 | | | 出勤情况 | | |
| 评价内容 | 评价要点 | 考查要点 | | 分数 | 分数评定 |
| 查阅文献情况 | 任务实施过程中文献查阅 | （1）是否查阅信息资料 | | 20 分 | |
| | | （2）正确运用信息资料 | | | |
| 互动交流情况 | 组内交流，教学互动 | （1）积极参与交流 | | 30 分 | |
| | | （2）主动接受教师指导 | | | |
| 任务完成情况 | 规定时间内的完成度 | （1）在规定时间内完成任务 | | 20 分 | |
| | 任务完成的正确度 | （2）任务完成的正确性 | | 30 分 | |
| 合计 | | | | 100 分 | |

# 模块八　镗床夹具

## 任务一　双支承镗模

### 8.1.1　任务描述

镗床夹具又称镗模，主要用于加工箱体、支架类零件上的孔或孔系，它不仅可以在各类镗床上使用，也可以在组合机床、车床及摇臂钻床上使用。镗模的结构与钻模相似，一般用镗套作为导向元件引导镗孔刀具或镗杆进行镗孔。镗套按照被加工孔或孔系的坐标位置布置在镗模支架上。按镗模支架在镗模上布置形式的不同，可分为双支承镗模、单支承镗模及无支承镗床夹具三类。

### 8.1.2　学习目标

1. 知识目标
掌握双支承镗模的分类及工作原理。
2. 能力目标
掌握双支承镗模的分类及工作原理。
3. 素质目标
（1）培养学生团队协作、共同解决问题的能力。
（2）培养学生爱岗敬业的精神。

### 8.1.3　重点难点

1. 重点
双支承镗模的分类。
2. 难点
双支承镗模的工作原理。

### 8.1.4　相关知识

双支承镗模上有两个引导镗刀杆的支承，镗杆与机床主轴采用浮动连接，镗孔的位置精度由镗模保证，消除了机床主轴回转误差对镗孔精度的影响。

**1. 前后双支承镗模**

图 8-1 所示为镗削车床尾座孔的镗模，镗模的两个支承分别设置在刀具的前方和后方，镗刀杆 9 和主轴之间通过浮动接头 10 连接。工件以底面、槽及侧面在定位板 3、4 及可调支承钉 7 上定位，限制六个自由度，实现完全定位。采用联动夹紧机构，拧紧夹紧螺钉 6，压板 5、8 同时将工件夹紧。镗模支架 1 上装有滚动回转镗套 2，用以支承和引导镗刀杆。镗模以底面 $A$ 作为安装基面安装在机床工作台上，其侧面设置找正基面 $B$，因此可不设定位键。

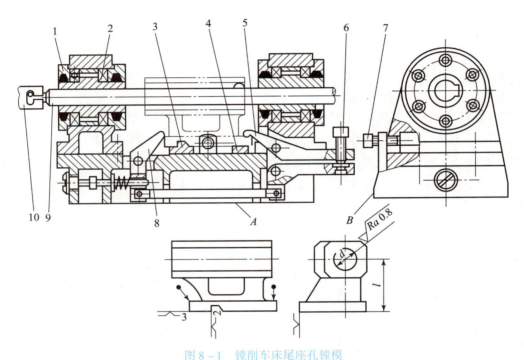

图 8-1 镗削车床尾座孔镗模

1—支架；2—镗套；3，4—定位板；5，8—压板；6—夹紧螺钉；7—可调支承钉；
9—镗刀杆；10—浮动接头

镗削加工中前后双支承镗模应用得最广泛，一般用于镗削较大直径的孔，如孔的长径比 $L/D > 1.5$ 的通孔或孔系，其加工精度较高，但更换刀具不方便。

当工件同一轴线上孔数较多，且两支承间的距离 $L > 10d$（$d$ 为镗杆直径）时，应在镗模上增加中间支承，以提高镗刀杆的刚度。

**2. 后双支承镗模**

图 8-2 所示为后双支承镗孔示意图，两个支承设置在刀具的后方，镗杆与主轴浮动连接，为保证杆的刚性，镗杆的悬伸量 $L_1 < 5d$（$d$ 为镗杆直径）；为保证镗孔精度，两个支承的导向长度 $L > (1.25 \sim 1.5)L_1$。后双支承镗模可在箱体的一个壁上镗孔，此类镗模便于装卸工件和刀具，也便于观察和测量。

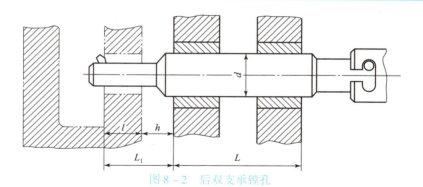

图 8 - 2    后双支承镗孔

3．镗套

镗套的结构型式和精度直接影响被加工孔的精度。常用的镗套有固定式镗套和回转式镗套两类。

1）固定式镗套

图 8 - 3 所示为标准的固定式镗套（GB/T 2266—1991），与快换钻套结构相似，加工时镗套不随镗杆转动。A 型固定式镗套不带油杯和油槽，靠镗杆上开的油槽润滑；B 型固定式镗套带油杯和油槽，能使镗杆和镗套之间充分的润滑。其具体结构尺寸见夹具手册。

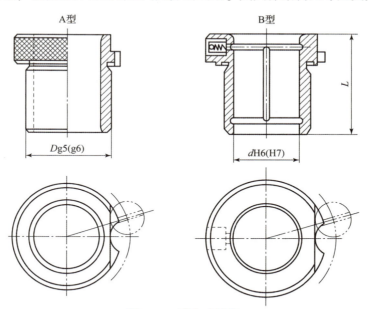

图 8 - 3    固定式镗套

固定式镗套外形尺寸小、结构简单、精度高，但镗杆在镗套内一边回转，一边做轴向移动，镗套容易磨损，故只适用于低速镗孔，一般摩擦面线速度 $v < 0.3$ m/s。

固定式镗套的导向长度为

$$L = (1.5 \sim 2)d$$

2）回转式镗套

回转式镗套随镗杆一起转动，镗杆与镗套之间只有相对移动而无相对转动，从而减少了镗套的磨损，加工时不会因摩擦发热出现"卡死"现象。因此，这类镗套适用于高速镗孔。

回转式镗套又分为滑动式和滚动式两种。

图 8 - 4 所示为滑动式回转镗套，镗套 1 可在滑动轴承 2 内回转，镗模支架 3 上设置油杯，经油孔将润滑油送到回转副，使其充分润滑。镗套中间开有键槽，镗杆上的键通过键槽带动镗套回转。这种镗套的径向尺寸较小，适用于中心距较小的孔系加工，且回转精度高、减振性好、承载能力大，但需要充分润滑。摩擦面线速度不能大于 0.3 ~ 0.4 m/s，常用于精加工。

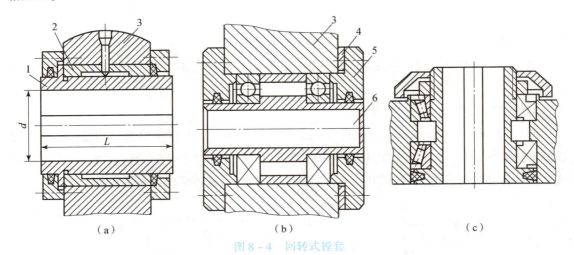

图 8 - 4　回转式镗套
（a）滑动式回转镗套；（b）滚动式回转镗套；（c）立式滚动回转镗套
1，6—镗套；2—滑动轴承；3—镗模支架；4—滚动轴承；5—轴承端盖

图 8 - 4（b）所示为滚动式回转镗套，镗套 6 支承在两个滚动轴承 4 上，轴承安装在镗模支架 3 的轴承孔中，支承孔两端分别用轴承端盖 5 封住。这种镗套由于采用了标准的滚动轴承部件，所以设计、制造和维修方便，而且对润滑要求较低，镗杆转速可大大提高，一般摩擦面线速度 $v > 0.4$ m/s。但其径向尺寸较大，回转精度受滚动轴承精度的影响很大。可采用滚针轴承，以减小径向尺寸；采用高精度轴承，以提高回转精度。

图 8 - 4（c）所示为立式镗孔用的回转镗套，它的径向尺寸较大，工作条件差。为避免切屑和切削液落入镗套，需设置防护罩。为承受轴向推力，一般采用圆锥滚子轴承。

滚动式回转镗套一般用于镗削孔距较大的孔系，当被加工孔径大于镗套孔径时，需在镗套上开引刀槽，使装好刀的镗杆能顺利进入。为确保镗刀进入引刀槽，镗套上有时会设置尖头键，如图 8 - 5 所示。

回转式镗套的导向长度 $L = (1.5 \sim 3)d$（$d$ 为镗套内径），其结构设计可参阅"夹具手册"。

4. 镗杆

图 8 - 6 所示为用于固定式镗套的镗杆导向部分结构。当镗杆导向部分直径 $d < 50$ mm 时，常采用整体式结构。图 6 - 6（a）所示为开油槽的镗杆，镗杆与镗套的接触面积大，磨损严重，若切屑从油槽内进入镗套，则易出现"卡死"现象，但镗杆的刚度和强度较好。

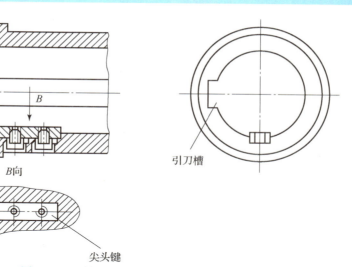

引刀槽

尖头键

图 8 – 5　回转滚动式回转镗套的引刀槽及尖头键

图 8 – 6（b）和图 8 – 6（c）所示为有较深直槽和螺旋槽的镗杆，这种结构可大大减少镗杆与镗套的接触面积，沟槽内有一定的储屑能力，可减少"卡死"现象，但其刚度较差。

当镗杆导向部分直径 $d > 50$ mm 时，常采用如图 8 – 6（d）所示的镶条式结构。镶条应采用摩擦因数小和耐磨的材料，如铜或钢。镶条磨损后，可在底部加垫片，重新修磨后使用。这种结构的镗杆导向部分摩擦面积小、容屑量大，且不易"卡死"。

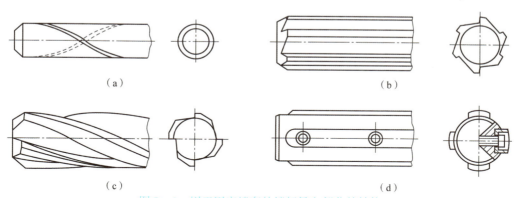

（a）　　　　　　　　　　　　　　（b）

（c）　　　　　　　　　　　　　　（d）

图 8 – 6　用于固定镗套的镗杆导向部分的结构

图 8 – 7 所示为用于回转镗套的镗杆引进结构。如图 8 – 7（a）所示的镗杆前端设置平键，平键下方装有压缩弹簧，键的前部有斜面，适用于开有键槽的镗套。无论镗杆以何位置进入镗套，平键均能自动进入键槽，带动镗套回转。如图 8 – 7（b）所示的镗杆上开有键槽，其头部做成小于 45°的螺旋引导结构，可与图 8 – 5 所示装有尖头键的镗套配合使用。

镗杆与加工孔之间应有足够的间隙，以容纳切屑。镗杆的直径一般按经验公式 $d = (0.7 \sim 0.8)D$（$D$ 为镗孔直径）选取，也可查表 8 – 1。

镗杆的精度一般比加工孔的精度高两级。镗杆的直径公差带，粗镗时选 g6，精镗时选 g5；表面粗糙度选 $Ra0.4 \sim 0.2$ μm；圆柱度公差取直径公差的一半，直线度公差为 500 mm：0.01 mm。

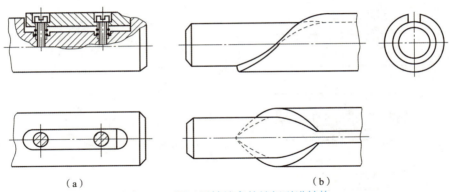

（a）　　　　　　　　　　　（b）

图 8 - 7　用于回转镗套的镗杆引进结构

镗杆的材料常选 45 钢或 40Cr 钢，淬火硬度为 40～45HRC；也可用 20 钢或 20Cr 钢渗碳淬火，渗碳层厚度为 0.8～1.2 mm，淬火硬度为 61～63 HRC。

表 8 - 1　镗孔直径 *D*、镗杆直径 *d* 与镗刀截面的尺寸关系　　　　　　　　mm

| D | 30～40 | 40～50 | 50～70 | 70～90 | 90～100 | |
|---|---|---|---|---|---|---|
| d | 20～30 | 30～40 | 40～50 | 50～65 | 65～90 | |
| B×B | 8×8 | 10×10 | 12×12 | 16×16 | 16×16 | 20×20 |

**5. 浮动接头**

双支承镗模的镗杆均采用浮动接头与机床主轴连接。如图 8 - 8 所示，镗杆 1 上拨动销 3 插入接头体 2 的槽中，镗杆与接头体之间留有浮动间隙，接头体的锥柄安装在主轴锥孔中。主轴的回转运动和扭矩可通过接头体、拨动销传给镗杆。

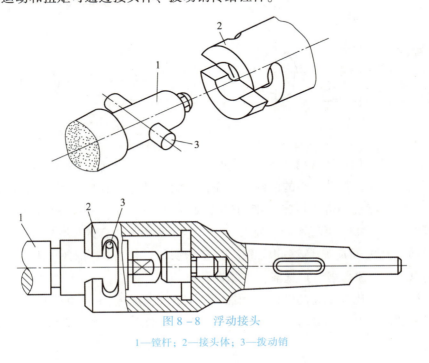

图 8 - 8　浮动接头

1—镗杆；2—接头体；3—拨动销

**6. 镗模支架和底座**

镗模支架用于安装镗套，其典型结构和尺寸列于表8-2中。

表8-2 镗模支架典型结构及尺寸　　　　　　　　　　　　　　　　mm

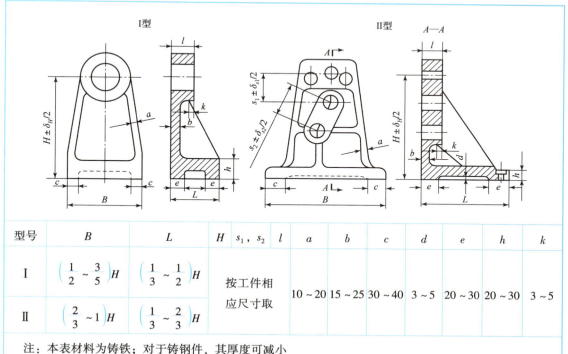

| 型号 | $B$ | $L$ | $H$ | $s_1$, $s_2$ | $l$ | $a$ | $b$ | $c$ | $d$ | $e$ | $h$ | $k$ |
|------|-----|-----|-----|------|-----|-----|-----|-----|-----|-----|-----|-----|
| I | $\left(\dfrac{1}{2} \sim \dfrac{3}{5}\right)H$ | $\left(\dfrac{1}{3} \sim \dfrac{1}{2}\right)H$ | 按工件相应尺寸取 | | $10 \sim 20$ | $15 \sim 25$ | $30 \sim 40$ | $3 \sim 5$ | $20 \sim 30$ | $20 \sim 30$ | $3 \sim 5$ | |
| II | $\left(\dfrac{2}{3} \sim 1\right)H$ | $\left(\dfrac{1}{3} \sim \dfrac{2}{3}\right)H$ | | | | | | | | | | |

注：本表材料为铸铁；对于铸钢件，其厚度可减小

　　镗模支架应有足够的强度和刚度，在结构上应考虑有较大的安装基面和设置必要的加强肋，而且不能在镗模支架上安装夹紧机构，以免夹紧反力使镗模支架变形，影响镗孔精度。如图8-9（a）所示的设计是错误的，应采用图8-9（b）所示的结构，夹紧反力由镗模底座承受。

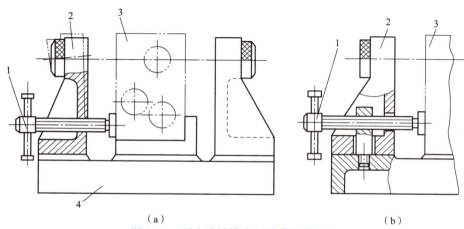

（a）　　　　　　　　　　　　　　　（b）

图8-9　不允许镗模支架承受夹紧反力

1—夹紧螺钉；2—镗模支架；3—工件；4—镗模底座

镗模底座上要安装各种装置和工件，并承受切削力、夹紧力，因此要有足够的强度和刚度，并有较好的精度稳定性。其典型结构和尺寸列于表8-3。

表8-3　镗模底座典型结构和尺寸　　　　　　　　　　　　　　　　　　　　　mm

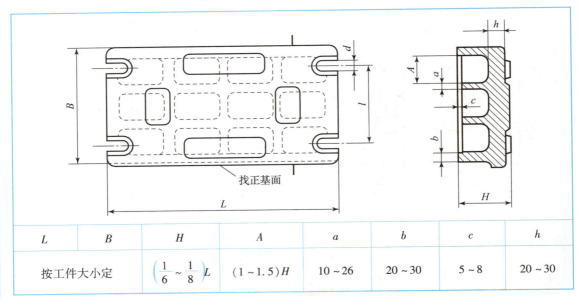

| $L$ | $B$ | $H$ | $A$ | $a$ | $b$ | $c$ | $h$ |
|---|---|---|---|---|---|---|---|
| 按工件大小定 | | $\left(\dfrac{1}{6} \sim \dfrac{1}{8}\right)L$ | $(1 \sim 1.5)H$ | $10 \sim 26$ | $20 \sim 30$ | $5 \sim 8$ | $20 \sim 30$ |

镗模底座上应设置加强肋，常采用十字形肋条。镗模底座上安放定位元件和镗模支架等的平面应铸出高度为 3～5 mm 的凸台，凸台需要刮研，使其对底面（安装基准面）有较高的垂直度或平行度。镗模底座上还应设置定位键或找正基面，以保证镗模在机床上安装时的正确位置。找正基面与镗套中心线的平行度应在 300 mm：0.01 mm 之内。底座上应设置多个耳座，用以将镗模紧固在机床上。大型镗模的底座上还应设置手柄或吊环，以便于搬运。

镗模支架和底座的材料常用铸铁（一般为 HT200），毛坯应进行时效处理。

### 8.1.5　任务实施

1. 学生分组

| 班级 | | 组号 | | 授课教师 | |
|---|---|---|---|---|---|
| 组长 | | | 学号 | | |
| 组员 | | | | | |
| 姓名 | 学号 | 姓名 | 学号 | 姓名 | 学号 |
| | | | | | |
| | | | | | |
| | | | | | |
| | | | | | |
| | | | | | |

## 2. 任务工作单

| 组号 | | 姓名 | | 学号 | |
|---|---|---|---|---|---|

（1）双支承镗模的分类及其应用场合是什么？

（2）镗套如何分类及选用？

（3）简述常用镗杆的结构及其热处理。

（4）怎样避免镗杆与镗套之间出现"卡死"现象？

## 3. 合作研究

| 组号 | | 姓名 | | 学号 | |
|---|---|---|---|---|---|

（1）小组讨论，教师参与，确定任务工作单的最优答案。

（2）每组推荐一个小组长进行汇报，根据汇报情况，检讨不足。

## 4. 评价反馈

| 班级 | | 组名 | | 姓名 | |
|---|---|---|---|---|---|
| 学号 | | | 出勤情况 | | |
| 评价内容 | 评价要点 | 考查要点 | | 分数 | 分数评定 |
| 查阅文献情况 | 任务实施过程中文献查阅 | （1）是否查阅信息资料 | | 20 分 | |
| | | （2）正确运用信息资料 | | | |
| 互动交流情况 | 组内交流，教学互动 | （1）积极参与交流 | | 30 分 | |
| | | （2）主动接受教师指导 | | | |

| 评价内容 | 评价要点 | 考查要点 | 分数 | 分数评定 |
|---|---|---|---|---|
| 任务完成情况 | 规定时间内的完成度 | （1）在规定时间内完成任务 | 20分 | |
| | 任务完成的正确度 | （2）任务完成的正确性 | 30分 | |
| 合计 | | | 100分 | |

# 任务二　其他镗床夹具

## 8.2.1　任务描述

镗模除了双支承镗模外，还有单支承镗模和无支承镗模。

## 8.2.2　学习目标

1. 知识目标

掌握单支承镗模的分类及工作原理。

2. 能力目标

会选用单支承镗模。

3. 素质目标

（1）培养学生团队协作和共同解决问题的能力。

（2）培养学生爱岗敬业的精神。

## 8.2.3　重点难点

1. 重点

单支承镗模的分类。

2. 难点

单支承镗模的工作原理。

## 8.2.4　相关知识

1. 单支承镗模

这类镗模只有一个导向支承，镗杆与主轴采用固定连接。安装镗模时，应使镗套轴线与机床主轴轴线重合。主轴的回转精度将影响镗孔精度。根据支承相对于刀具的位置，单支承镗模又可分为以下两种。

1）前单支承镗模

图 8 – 10 所示为采用前单支承镗孔，镗模支承设置在刀具的前方，主要用于加工孔径 $D > 60$ mm、加工长度 $L < D$ 的通孔。一般镗杆的导向部分直径 $d < D$。因导向部分直径不受加工孔径大小的影响，故在多工步加工时可不更换镗套。这种布置也便于在加工中观察和测量。但在立镗时，切屑会落入镗套，故应设置防屑罩。

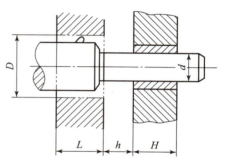

图 8 – 10　前单支承镗孔

2）后单支承镗模

图 8 – 11 所示为采用后单支承镗孔，镗套设置在刀具的后方，用于立镗时，切屑不会影响镗套。

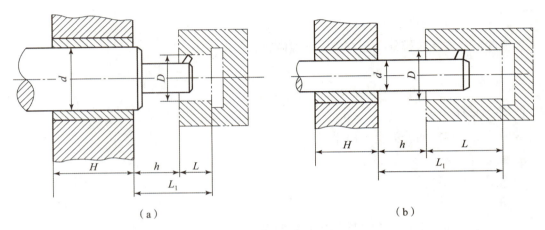

（a）　　　　　　　　　　　　　（b）

图 8 – 11　后单支承镗孔

（a）$l < D$；（b）$l \geqslant D$

如图 8 – 11（a）所示，当镗削 $D < 60$ mm、$L < D$ 的通孔或盲孔时，可使镗杆导向部分的尺寸 $d > D$。这种形式的镗杆刚度好，加工精度高，装卸工件和更换刀具方便，多工步加工时可不更换镗杆。

如图 8 – 11（b）所示，当加工孔长度 $L = (1 \sim 1.25)D$ 时，应使镗杆导向部分直径 $d < D$，以便镗杆导向部分可进入加工孔，从而缩短镗套与工件之间的距离 $h$ 及镗杆的悬伸长度 $L_1$。

为便于刀具及工件的装卸和测量，单支承镗模的镗套与工件之间的距离 $h$ 一般为 20 ~ 80 mm，常取 $h = (0.5 \sim 1.0)D$。

2. 无支承镗床夹具

工件在刚性好、精度高的金刚镗床、坐标镗床或数控机床、加工中心上镗孔时，夹具上不设置镗模支承，加工孔的尺寸和位置精度均由镗床保证。这类夹具只需设计定位装置、夹紧装置和夹具体即可。

图 8 – 12 所示为镗削曲轴轴承孔的金刚镗床夹具。在卧式双头金刚镗床上，同时加工两个工件，工件以两主轴颈及其一端面在两个 V 形块 1、3 上定位。安装工件时，将前一个曲轴颈放在转动叉形块 7 上，在弹簧 4 的作用下，转动叉形块 7 使工件的定位端面紧靠在 V 形块 1 的侧面上。当液压缸活塞 5 向下运动时，带动活塞杆 6 和浮动压板 8、9 向下运动，使四个浮动压块 2 分别从两个工件的主轴颈上方压紧工件。当活塞上升松开工件时，活塞杆带动浮动压板 8 转动 90°，以便于装卸工件。

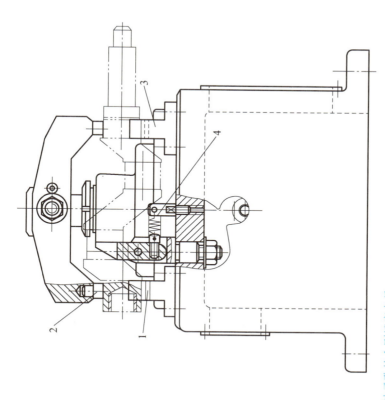

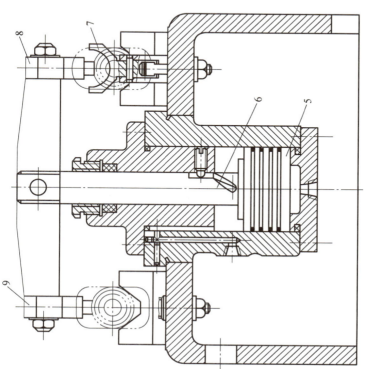

图 8-12 镗削曲轴轴承孔的金刚镗床夹具

1、3—V 形块；2—浮动压块；4—弹簧；5—活塞；6—活塞杆；7—转动叉形块；8、9—浮动压板

## 8.2.5 任务实施

### 1. 学生分组

| 班级 | | 组号 | | 授课教师 | |
|---|---|---|---|---|---|
| 组长 | | | 学号 | | |
| 组员 | | | | | |
| 姓名 | 学号 | 姓名 | 学号 | 姓名 | 学号 |
| | | | | | |
| | | | | | |
| | | | | | |
| | | | | | |
| | | | | | |

### 2. 任务工作单

| 组号 | | 姓名 | | 学号 | |
|---|---|---|---|---|---|
| （1）单支承镗模的分类及其应用场合是什么？ | | | | | |
| | | | | | |
| （2）无支承镗床夹具的应用场合是什么？ | | | | | |
| | | | | | |

### 3. 合作研究

| 组号 | | 姓名 | | 学号 | |
|---|---|---|---|---|---|
| （1）小组讨论，教师参与，确定任务工作单的最优答案。 | | | | | |
| | | | | | |
| （2）每组推荐一个小组长进行汇报，根据汇报情况，检讨不足。 | | | | | |
| | | | | | |

4. 评价反馈

| 班级 | | | 组名 | | 姓名 | |
|---|---|---|---|---|---|---|
| 学号 | | | | 出勤情况 | | |
| 评价内容 | 评价要点 | 考查要点 | | | 分数 | 分数评定 |
| 查阅文献情况 | 任务实施过程中文献查阅 | （1）是否查阅信息资料 | | | 20 分 | |
| | | （2）正确运用信息资料 | | | | |
| 互动交流情况 | 组内交流，教学互动 | （1）积极参与交流 | | | 30 分 | |
| | | （2）主动接受教师指导 | | | | |
| 任务完成情况 | 规定时间内的完成度 | （1）在规定时间内完成任务 | | | 20 分 | |
| | 任务完成的正确度 | （2）任务完成的正确性 | | | 30 分 | |
| 合计 | | | | | 100 分 | |

# 模块九　数控机床夹具

## 任务　数控机床夹具

### 9.1.1　任务描述

在现代自动化生产中，数控机床的应用已越来越广泛，数控机床夹具必须适应数控机床高强度、高效率、多方向同时加工、数字程序控制及单件小批生产的特点。数控机床夹具主要采用可调夹具、组合夹具、拼装夹具和数控夹具（夹具本身可在程序控制下进行调整），本任务主要简单介绍数控机床夹具中的拼装夹具。

### 9.1.2　学习目标

1. 知识目标
了解数控机床夹具中的拼装夹具。
2. 能力目标
了解数控机床夹具中的拼装夹具。
3. 素质目标
（1）培养学生团队协作、共同解决问题的能力。
（2）培养学生爱岗敬业的精神。

### 9.1.3　重点难点

1. 重点
拼装夹具的组成。
2. 难点
拼装夹具的组成。

### 9.1.4　相关知识

图 9 - 1 所示为镗削箱体孔的数控机床夹具，需在工件 6 上镗削 A、B、C 三个孔。工件在液压基础平台 5 及三个定位销钉 3 上定位；通过基础平台内两个液压缸 8、活塞 9、拉杆

12、压板 13 将工件夹紧，夹具通过安装在基础平台底部的两个连接孔中的定位键 10 在机床 T 形槽中定位，并通过两个螺旋压板 11 固定在机床工作台上。通常可选基础平台上的定位孔 2 作夹具的坐标原点，其与数控机床工作台上定位孔的距离分别为 $X$、$Y$。三个加工孔的坐标尺寸可用机床定位孔 1 作为零点进行计算编程，称为固定零点编程；也可选夹具上的某一定位孔作为零点进行计算编程，称为浮动零点编程。

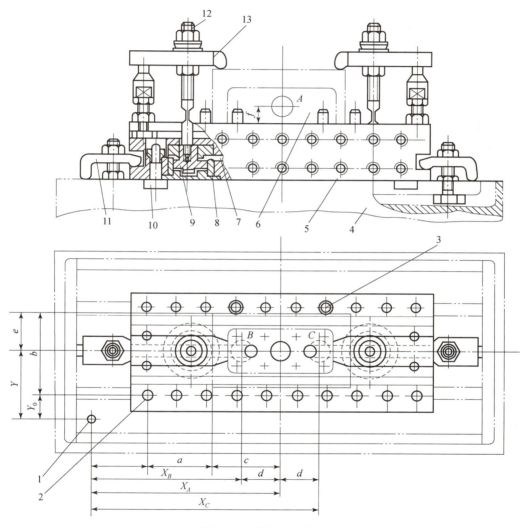

图 9-1  数控机床夹具

1，2—定位孔；3—定位销钉；4—数控机床工作台；5—液压基础平台；6—工件
7—通油孔；8—液压缸；9—活塞；10—定位键；11，13—压板；12—拉杆

　　拼装夹具是在成组工艺的基础上，用标准化、系列化的夹具零部件拼装而成的夹具。它不但有组合夹具的优点，而且比组合夹具有更好的精度和刚性，以及更小的体积和更高的效率，因而较适合柔性加工的要求，常用作数控机床夹具。

　　拼装夹具主要由以下元件和合件组成。

1. 基础元件和合件

图 9-2（a）所示为普通矩形平台，只有一个方向的 T 形槽 1，使平台有较好的刚性。平台上布置了定位销孔 2，如 B-B 剖视图所示，可用于工件或夹具元件定位，也可作数控编程的起始孔。D-D 剖面为中央定位孔。基础平台侧面设置紧固螺纹孔 3，用于拼装元件和合件。两个孔 4（C-C 剖面）为连接孔，用于基础平台和机床工作台的连接定位。

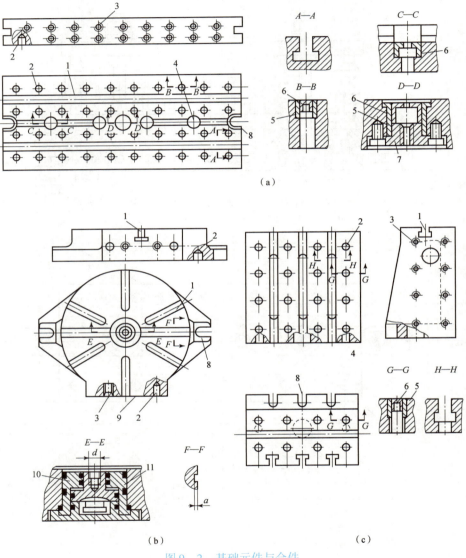

（a）

（b）                                （c）

图 9-2　基础元件与合件

（a）普通矩形平台；（b）液压圆形平台；（c）弯板平台

1—T 形槽；2—定位销孔；3—紧固螺纹孔；4—连接孔；5—高强度耐磨板；6—防尘罩；

7—可卸法兰盘；8—耳座；9—安装平台；10—液压缸；11—通油孔

液压基础平台如图 9-1 中 5 所示，比普通基础平台增加了几个液压缸，用作夹紧机构的动力源，使拼装夹具具有高效能。

图 9 – 2（b）所示为液压圆形平台，$E – E$ 剖面为液压缸 10；$F – F$ 剖面为定位槽；另设多条 T 形槽 1；在侧面的安装平台 9 上设置两个定位销孔 2 及两个紧固螺纹孔 3，用于拼装元件或合件；平台底部有两个定位销孔 2，与数控机床工作台连接定位。

图 9 – 2（c）所示为弯板支承，可扩大基础平台的使用范围，也可作支承用。

2. 定位元件和合件

图 9 – 3（a）所示为平面安装可调支承钉；图 9 – 3（b）所示为 T 形槽安装可调支承钉；图 9 – 3（c）所示为侧面可调支承钉。

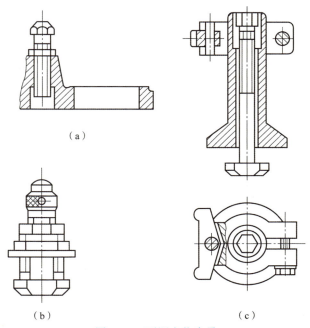

（a）

（b）　　　　　　　　（c）

图 9 – 3　可调定位支承

图 9 – 4 所示为定位支承板，可用作定位板或过渡板。

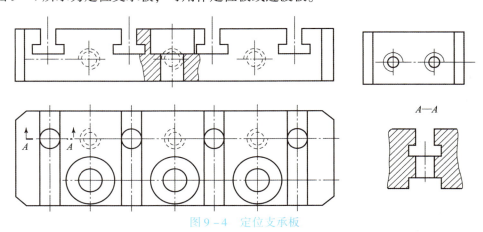

$A—A$

图 9 – 4　定位支承板

图 9 – 5 所示为可调 V 形块，以一面两销在基础平台上定位、紧固，两个 V 形块 4、5 可通过左、右螺纹螺杆 3 调节，以实现不同直径的工件的定位。

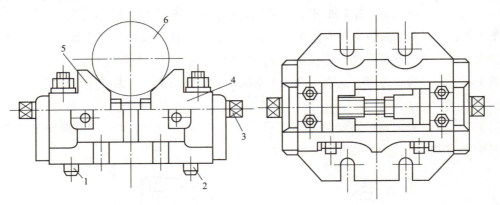

图 9 – 5　可调 V 形块合件

1—圆柱销；2—菱形销；3—左、右螺纹螺杆；4，5—左、右活动 V 形块；6—工件

### 3. 夹紧元件和合件

图 9 – 6 所示为手动可调夹紧压板，均可用 T 形螺栓在基础平台的 T 形槽内连接。

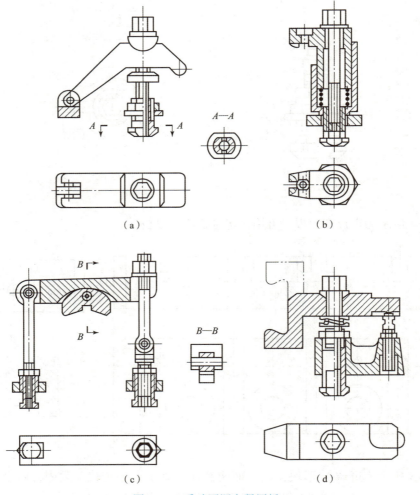

图 9 – 6　手动可调夹紧压板

图 9-7 所示为机动可调组合钳口，由活动钳口［见图 9-7（a）］及固定钳口［见图9-7（b）］组成，两者都以一面、两销在基础平台上定位，推杆 1 连接在基础平台的液压缸活塞杆上，通过杠杆 5、调整块 4 带动活动钳口 3 夹紧工件，钳口的前表面设置定位槽和定位销 2，可安装夹紧元件和合件。

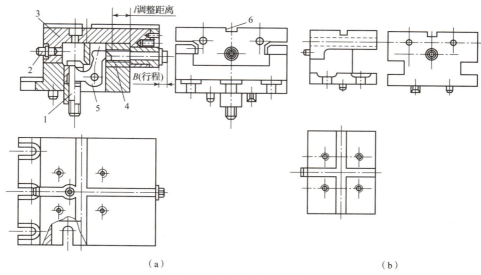

（a）　　　　　　　　　　　　　　　　　　　　　（b）

图 9-7　机动可调组合钳口

（a）活动钳口；（b）固定钳口

1—推杆；2—定位销；3—活动钳口；4—调整块；5—杠杆；6—定位槽

图 9-8 所示为液压组合压板，夹紧装置中带有液压缸。

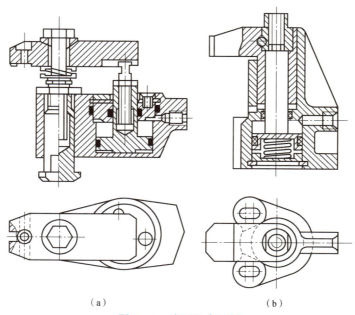

（a）　　　　　　　　　（b）

图 9-8　液压组合压板

（a）杠杆式液压组合压板；（b）滑柱式液压组合压板

#### 4. 回转过渡花盘

用于车、磨夹具的回转过渡花盘如图9-9所示。

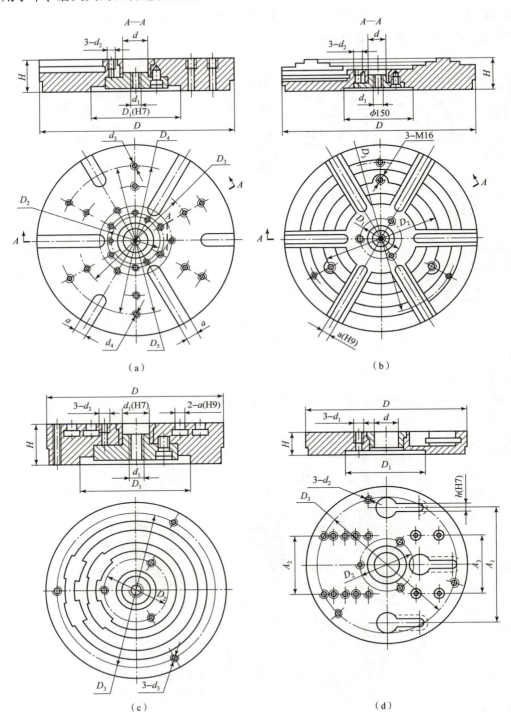

图9-9　回转过渡花盘

（a）带径向T形槽花盘；（b）带内外定位止口花盘；（c）带同心T形槽花盘；（d）可拼装弯板花盘

### 9.1.5 任务实施

**1. 学生分组**

| 班级 | | 组号 | | 授课教师 | |
|---|---|---|---|---|---|
| 组长 | | | 学号 | | |
| 组员 | | | | | |
| 姓名 | 学号 | 姓名 | 学号 | 姓名 | 学号 |
| | | | | | |
| | | | | | |
| | | | | | |
| | | | | | |
| | | | | | |

**2. 任务工作单**

| 组号 | | 姓名 | | 学号 | |
|---|---|---|---|---|---|
| 拼装夹具的特点及其组成。 | | | | | |
| | | | | | |

**3. 合作研究**

| 组号 | | 姓名 | | 学号 | |
|---|---|---|---|---|---|
| （1）小组讨论，教师参与，确定任务工作单的最优答案。 | | | | | |
| | | | | | |
| （2）每组推荐一个小组长进行汇报，根据汇报情况，检讨不足。 | | | | | |
| | | | | | |

4. 评价反馈

| 班级 | | 组名 | | 姓名 | |
|---|---|---|---|---|---|
| 学号 | | | 出勤情况 | | |
| 评价内容 | 评价要点 | 考查要点 | | 分数 | 分数评定 |
| 查阅文献情况 | 任务实施过程中文献查阅 | （1）是否查阅信息资料 | | 20 分 | |
| | | （2）正确运用信息资料 | | | |
| 互动交流情况 | 组内交流，教学互动 | （1）积极参与交流 | | 30 分 | |
| | | （2）主动接受教师指导 | | | |
| 任务完成情况 | 规定时间内的完成度 | （1）在规定时间内完成任务 | | 20 分 | |
| | 任务完成的正确度 | （2）任务完成的正确性 | | 30 分 | |
| 合计 | | | | 100 分 | |

# 参 考 文 献

［1］张权民. 机床夹具设计［M］. 北京：科学出版社，2013.

［2］伍少敏. 机械制造工艺［M］. 北京：航空工业出版社，2015.

［3］刘守勇. 机械制造工艺与夹具［M］. 北京：机械工业出版社，2010.

［4］陈爱华. 机床夹具设计［M］. 北京：机械工业出版社，2019.

［5］薛源顺. 机床夹具设计［M］. 北京：机械工业出版社，2018.

［6］肖继德. 机床夹具设计［M］. 北京：机械工业出版社，2018.

［7］吴拓. 机床夹具设计［M］. 北京：机械工业出版社，2018.

［8］唐用中. 陈亨. 组合夹具组装技术［M］. 北京：国防工业出版社，1979.

［9］中华人民共和国国家标准. 机床夹具零件及部件［M］北京：技术标准出版社，1983.